ÉTUDE

DES GISEMENTS DE

CALCAIRES LITHOGRAPHIQUES

DE LA LIGURIE

AUX ENVIRONS D'ONEGLIA ET DE PORT-MAURICE

(Italie)

٤٢٨

[illegible]

[illegible]

[illegible]

[illegible]

ÉTUDE

DES

CALCAIRES LITHOGRAPHIQUES

DE LA LIGURIE

GISEMENTS DES

ENVIRONS D'ONÉGLIA ET DE PORT-MAURICE

(Italie)

Précédée d'une notice historique sur la découverte et les progrès de l'art de la lithographie
et d'une description sommaire de toutes les branches qui s'y rattachent

PAR

M. AUGUSTIN WATON

INGÉNIEUR CIVIL DES MINES

PARIS

IMPRIMERIE CENTRALE DES CHEMINS DE FER

A. CHAIX ET Cᵉ

RUE BERGÈRE, 20, PRÈS DU BOULEVARD MONTMARTRE

1878

NOTICE HISTORIQUE

SUR LA DÉCOUVERTE ET LES PROGRÈS

DE LA LITHOGRAPHIE

> « Bien qu'un Allemand l'ait inventée, »
> » la lithographie est un art français; »
> » français par les qualités qu'il exige et »
> » qui sont nôtres. »
>
> CHARLES BLANC,
> *Membre de l'Académie.*

La lithographie à proprement parler, suivant l'origine du mot, est l'art d'écrire, de dessiner ou de graver sur la pierre, mais ce mot convient plus particulièrement à l'art d'imprimer ou de reproduire par des procédés nouveaux, les dessins et les écritures tracés préalablement avec un corps gras sur une pierre calcaire spéciale, appelée pour cela : pierre lithographique.

La découverte de la lithographie date des dernières années du XVIIIe siècle ; un intervalle de plus de 300 ans sépare donc cette admirable découverte de l'invention merveilleuse de Gutenberg (1440).

Cet art nouveau semble avoir été créé pour vulgariser la science, les connaissances utiles, les productions littéraires, et pour opérer la diffusion des chefs-d'œuvre artistiques des grands-maîtres ; dans ses diverses applications il résume avec une perfection admirable presque tous les avantages des autres genres d'impression, et si son apparition avait eu lieu avant la découverte des caractères mobiles, il est fort probable que l'art de l'imprimerie n'aurait pas accompli tous ses progrès ; les procédés de la lithographie sont en effet si nombreux, si simples et si ingénieux qu'il suffit à l'artiste, à l'homme de lettres, au savant de savoir tenir un pinceau, une pointe, un crayon ou une plume pour reproduire fidèlement sa pensée et la multiplier à l'infini.

On est généralement d'accord pour attribuer le mérite de la découverte de la lithographie au génie inventif d'*Aloys Senefelder*.

La ville de Prague a vu naître cet homme doué d'un esprit d'observation rare et d'une persévérance à toute épreuve ; il naquit en effet en Bohême le 6 novembre 1771, d'un père qui fut quelques années plus tard artiste dramatique au théâtre de Munich.

Après avoir étudié le droit aux universités d'Ingolstadt et de Gœttingue, le jeune Aloys vint à Munich près de son père, qui ne tarda pas à mourir en laissant une veuve et neuf enfants.

A partir de ce moment, libre du choix de sa carrière et se trouvant le seul soutien de sa famille, Aloys Senefelder se livra avec enthousiasme au penchant irrésistible qu'il avait pour le théâtre ; une première pièce, *le Connaisseur des femmes*, qu'il composa et dans laquelle il joua lui-même, lui fit croire qu'il avait trouvé sa vocation ; il parcourut les villes de Nuremberg, Bamberg, Augsbourg et Ratisbonne avec une troupe de comédiens nomades en attendant que les portes du théâtre royal de Munich lui fussent ouvertes; il débuta à ce théâtre en 1791, fut accueilli avec froideur et ne put obtenir à être engagé que comme comparse.

Sans renoncer à cet humble et modeste emploi, Senefelder s'adonna à la littérature dramatique et fit paraître successivement : *Mathilde d'Altenstein, le Frère d'Amérique, les Goths en Orient*. Il s'initia peu à peu à la connaissance des divers procédés typographiques en faisant imprimer ses ouvrages, et comme la modicité de ses ressources ne lui permettait pas de faire face à des frais d'impression considérables, il résolut de s'affranchir des exigences de la typographie.

Ses premières tentatives de recherche d'un mode économique d'impression se portèrent d'abord sur un stéréotypage des caractères d'imprimerie à l'aide de la cire à cacheter. Ce procédé consistait à couvrir d'une pâte molle la composition typographique de manière à obtenir une empreinte des caractères dans laquelle il coulait de la cire à cacheter.

Les ressources personnelles de Senefelder ne furent pas suffisantes pour pousser assez loin l'exécution de ce procédé et le rendre pratique; du reste, la cire à cacheter qui se prêtait admirablement au moulage, avait l'inconvénient de ne pas pouvoir supporter la pression nécessaire pour le tirage des épreuves.

Il faut néanmoins reconnaître dans cette première tentative la découverte de la *stéréotypie*.

A bout de ressources, mais armé d'une volonté puissante, Senefelder revint à la gravure sur cuivre et sur étain.

Ses premiers essais sur plaque de cuivre ne lui parurent pas satisfaisants ; il résolut de les recommencer, mais il se heurta à la difficulté du polissage de la plaque dont il disposait et qu'il lui était impossible de renouveler ; les plaques d'étain sur lesquelles il avait gravé ne recevaient qu'une action très-faible par l'acidulation. Il était dans ce moment critique où le découragement vient souvent enrayer les efforts de la volonté et paralyser les conceptions du génie, lorsque l'idée lui vint, dans le but d'économiser la pierre ponce dont il avait besoin pour le polissage de ses plaques métalliques, de la remplacer par des pierres de Kehlheim qu'il avait remarquées sur des bancs de sable au bord de l'Isar. L'Isar est une rivière considérable de l'Allemagne qui prend sa source aux confins du Tyrol et qui se jette dans le Danube entre Stranbine et Passau après avoir baigné les villes de Munich et de Landshut.

Comme on le voit, l'économie poussa Senefelder à se servir des galets de l'Isar, qui n'étaient que des fragments roulés de pierres pareilles à celles que l'on exploitait à Solenhofen pour le carrelage des appartements.

Par l'action du polissage sur les plaques métalliques, les galets de l'Isar prirent un poli qui engagea notre persévérant inventeur à se servir de ces pierres, non plus pour faciliter le polissage, mais bien pour remplacer la plaque de cuivre elle-même.

Dès ses premières expériences sur pierres, Senefelder remarqua, guidé par son rare esprit d'observation, qu'il éprouvait une plus grande facilité dans l'écriture et que le mordage à l'acide exigeait une eau-forte bien plus étendue d'eau que lorsqu'il expérimentait sur les plaques métalliques. Enhardi par ces premiers résultats qui pour lui se traduisaient par une économie, il étudia le polissage des pierres, puis leur résistance à la compression, il chercha enfin un noir pouvant s'enlever facilement, et de toutes ces recherches il en résulta la méthode de la lithographie en creux ayant la plus grande analogie avec la taille-douce sur cuivre.

C'est ici qu'il convient de placer l'histoire de la *note de la blanchisseuse*, qui pourrait bien être une fable dont l'imagination se serait servie pour transformer en légende originale les premiers débuts de l'art de la lithographie.

Un jour du mois de juillet 1796, Senefelder venait de dégrossir une pierre et de la préparer pour recevoir la touche du burin, lorsque sa mère le pria de vouloir bien prendre en note le linge que la blanchisseuse allait emporter.

Par un de ces hasards dont on conçoit très-bien la possibilité en réfléchissant au désordre qui règne d'habitude dans l'atelier d'un artiste, il lui fut impossible de trouver sous la main le moindre morceau de papier blanc, et de plus son encre ordinaire était desséchée. Il prit alors machinalement de l'encre grasse composée de savon, de suif et de noir de fumée dont il se servait pour ses travaux, et il écrivit sur la pierre qui était à sa portée le détail de lingerie que lui dictait sa mère.

La blanchisseuse partie, Senefelder considéra la pierre qui venait de recevoir une utilisation si bizarre, et, avant de se décider à la remettre en état, l'idée lui vint de jeter de l'eau-forte sur la surface pour savoir ce que deviendraient les caractères tracés par ce nouveau genre d'écriture.

Il entoura donc sa pierre d'un rebord de cire et il répandit sur le calcaire un liquide formé d'une partie d'eau-forte et de dix parties d'eau ordinaire ; au bout de cinq minutes, il examina le résultat de l'action du liquide corrosif : les lettres avaient acquis un relief d'une épaisseur d'une carte à jouer.

A partir de ce moment, la lithographie en relief était inventée. Senefelder n'avait que vingt-cinq ans.

Le jeune inventeur comprit qu'il pourrait se servir du relief de l'écriture obtenu par ce procédé comme on se sert des caractères d'imprimerie ; il abandonna donc toutes ses anciennes méthodes mécaniques pour s'occuper exclusivement de l'impression chimique sur pierre.

L'inventeur de la lithographie ne put pas tirer immédiatement parti de son importante découverte et s'il n'éprouva pas à ses débuts toutes les persécutions des inventeurs du moyen âge il n'en endura pas moins toutes leurs déceptions. Réduit presque à l'indigence, il consentit à remplacer un artilleur qui lui offrit 200 florins, mais l'autorité militaire d'Ingolstadt, à laquelle il se présenta, le refusa, comme étranger. De retour à Munich, il proposa, vers la fin de l'année 1796, à M. de Gleissner, musicien de la cour, de l'associer à ses travaux ; il pensait ainsi obtenir les faveurs du gouvernement par l'intermédiaire de cet homme influent qui lui avançait les fonds nécessaires pour l'établissement d'un atelier destiné surtout aux reproductions musicales ; mais l'académie de Munich fit l'effort dérisoire de leur accorder un secours de 12 florins.

Ce fut vers cette époque que Senefelder se vit contester la priorité de son invention. L'honneur de cette découverte retomba sur M. Schmidt, professeur à l'académie militaire qui, depuis près d'un an, s'occupait de la gravure sur pierre.

On se basait sur une lettre écrite par Schmidt dans la Gazette de Bavière avant la découverte de Senefelder, intitulée : *Indication des objets d'art et d'industrie,* et qui contenait ce passage : « J'ai vu dans l'église de Notre-Dame de Munich une pierre sur laquelle il y avait des caractères en relief, il faut que cela ait été fait à l'aide de l'eau-forte et on doit pouvoir s'en servir pour imprimer. »

Senefelder réfuta victorieusement et avec beaucoup de modestie le sens que l'on attribuait à ces lignes en déclarant qu'il suffisait à n'importe qui de posséder des connaissances dans l'art de l'imprimerie pour porter le jugement de Schmidt et que la constatation d'un fait tel que celui de l'antériorité de la gravure en relief ne pouvait pas raisonnablement être considérée comme la découverte de l'art de tirer des épreuves d'impression par l'écriture sur pierres ; enfin, Senefelder n'exigea de ce savant pour le croire inventeur que d'affirmer sur sa parole qu'il connaissait sa méthode avant le mois de juillet 1796. Schmidt resta muet.

Du reste, Senefelder avoue lui-même (voir son *Traité de l'art de la lithographie*, pages 8 et 12) qu'il n'est pas l'inventeur de la gravure sur pierre ni le premier qui en ait fait usage pour imprimer, mais que c'est seulement la manière de s'en servir, le *modus faciendi*, en un mot, qui rend la découverte nouvelle.

Voici ses propres paroles :

« Il y avait déjà des siècles qu'on gravait à l'eau forte sur pierres et ce ne fut que lorsque j'eus imaginé en 1799 de passer de la méthode creuse à la méthode en relief et de me servir de mon encre nouvelle que je pus me considérer comme inventeur d'un art nouveau qui me décida à abandonner tous mes autres essais pour ne m'occuper que de lui. »

En 1728, un Français du nom de Dufay, membre de l'Académie des sciences, a publié le premier un procédé rationnel et facile pour graver la pierre et le marbre à l'aide d'un acide. Ce procédé est indiqué tout au long dans les mémoires de l'Académie des sciences.

Engelmann nous apprend, dans son *Traité complet de la lithographie* publié en 1842, qu'il existe à Munich, au musée de l'école gratuite de dessin, un *astrolabe* fait par le procédé de la gravure sur pierre à la date de 1580.

On voit aussi dans le cabinet royal des antiquités à Munich une grande table faite d'une pierre de Solenhofen sur laquelle sont représentés en relief les portraits des anciens ducs de Bavière avec plusieurs inscriptions et une chanson accompagnée de notes.

On connaît enfin depuis longtemps l'expérience qui consiste à graver sur la coquille de l'œuf dont les éléments chimiques se rapprochent du calcaire lithographique. Il suffit d'écrire sur la coquille d'un œuf avec du suif fondu, de laisser figer le suif et de plonger cet œuf dans un acide faible ou dans du vinaigre pour obtenir une gravure en relief. Cette expérience se trouve décrite dans des livres très-anciens.

Mais si Aloys Senefelder n'a pas inventé réellement le procédé par lequel on dessine sur pierre avec une encre liquide pour graver ensuite le dessin en relief à l'aide des acides, on doit le considérer avec raison comme le premier et le seul inventeur de l'impression lithographique proprement dite, méthode qui est fondée sur un jeu très-complexe d'affinités chimiques et d'attractions moléculaires dont la remarque, l'étude, l'explication et surtout l'application n'avaient jamais été faites par personne avant lui.

En 1799, l'invention de Senefelder était complète et il obtint de Maximilien-Joseph, roi de Bavière, un privilége de 15 ans. L'année d'avant (1798) il avait obtenu de l'Académie une médaille d'or.

En 1799, Senefelder s'associa avec ses deux frères.

En 1800, l'inventeur livra ses secrets à MM. André frères, qui établirent une lithographie à Offenbach et il partit à Londres pour y faire connaître son invention.

En 1801, l'art de la lithographie se répandit dans toute l'Allemagne.

En 1802, Senefelder céda son établissement à ses frères et fut s'établir à Vienne après avoir obtenu dans le royaume un privilége de dix ans.

En 1806, Senefelder revint à Munich après avoir vendu son établissement de Vienne et s'associa avec MM. de Gleissner et d'Aretin; cette association dura trois ans et fit exécuter les dessins d'Albert Durer et les œuvres de Strixner et de Piloty.

En 1807, un des frères André, d'Offenbach, vint à Paris et vendit à plusieurs artistes les procédés secrets qu'il tenait de Senefelder; mais ces artistes, dégoûtés de n'avoir reçu de M. André que des demi-confidences, renoncèrent bientôt à leurs essais.

Parmi ces artistes, il faut citer surtout Choron qui s'adonna à la gravure de la musique et Baltard qui appliqua la lithographie au dessin d'architecture.

Vers ce même temps, plusieurs autres artistes tels que Guyot, Desmarres, Paroy, etc., et quelques hommes d'initiative tels que MM. de Lormet, Marcel de Serres et le général Lejeune, s'occupèrent beaucoup de l'art de la lithographie sans parvenir à le faire acclimater en France.

En 1807, le gouvernement italien commença à rechercher les artistes lithographes et à favoriser cet art dans la péninsule. M. Delarmé, de Munich, établit la même année des ateliers importants à Rome, à Milan et à Venise.

En 1810, parut à Stuttgard le premier traité sur la lithographie par de Cotta.

En 1810, M. Marcel de Serres connu déjà par ses écrits sur les sciences naturelles, fut envoyé en Allemagne par le gouvernement pour y étudier les progrès de l'industrie lithographique; il rapporta des épreuves et rédigea un mémoire qui ne parut que quatre ans plus tard.

En 1810, Senefelder fut nommé inspecteur de la lithographie royale de Munich avec un traitement de 1,500 florins.

En 1810, MM. Manlich et d'Aretin, après avoir fait hommage à l'Institut des beaux-arts de France d'une belle collection de lithographies exécutées d'après les dessins originaux de Raphaël et de Michel-Ange, sollicitèrent du gouvernement français l'autorisation de créer un établissement à Paris, mais cette autorisation leur fut refusée.

En 1814, M. le comte de Lasteyrie qui était parti en Allemagne depuis quelques années pour étudier comme simple ouvrier les procédés de l'art de Senefelder, revint en France et établit un premier établissement qui servit de modèle à tous ceux qui s'installèrent ultérieurement.

M. de Lasteyrie était vice-président de la Société d'encouragement; il prodigua de son vivant son temps et sa fortune en faveur du nouvel art et fit exécuter dans ses ateliers les belles pages suivantes, qui sont restées célèbres.

La *Tête de Briséis* de Raoult.

La *Buvette*, d'Horace Vernet.

Des *Paysages*, de Michallon.

L'*habitation de S. M. Louis XVIII à Londres*, de Hart-
well.

En 1816, M. Engelmann, qui avait aussi beaucoup
étudié à Munich et qui en 1814 avait installé des
ateliers à Mulhouse, vint établir à Paris un établissement modèle.

Les premiers ouvrages qui en sortirent furent : des
études d'arbres et de paysages par Mongin ; les *Fables
de la Fontaine* par Carle et Horace Vernet ; un cours
complet de dessin par Bourgeois, Carle Vernet et
Horace Vernet, Demarne, Chrétien, Fragonnard, Ro-
magnesi, Engelmann et Mongin.

En 1818, le gouvernement prodigua des encouragements nombreux à l'art lithographique qui, comme
toutes les choses nouvelles et à la mode, excita en
France le plus noble enthousiasme. Artistes, amateurs,
nobles, princes, tout le monde acclama cet art comme
une merveille.

Regnault, Carle Vernet, Isabey, Aubry-le-Comte,
le baron Athalin, Mongin, Jacob, Horace Vernet,
Granger, Robert, etc., luttèrent de talents et contri-
buèrent beaucoup à donner l'essor et la vogue à cet
art nouveau.

Il devint de bon ton de savoir manier le crayon
lithographique.

Les Tuileries eurent leur presse ; la duchesse de
Berry dessinait sur pierre avec un talent incontestable ; M. Villain donnait des leçons de lithographie au

château et le duc de Bordeaux, quoique bien jeune alors, trouvait une agréable distraction dans l'impression lithographique. On attribue au duc d'Orléans plusieurs dessins sur pierre d'une touche fort originale inspirés par le voyage de Gulliver.

En 1819, Engelmann innova le lavis lithographique, nouvel art qui excita la verve de nos artistes français. Des œuvres excellentes furent éditées par ce procédé dont les effets sont surprenants et fantastiques.

En 1819, Senefelder arriva à Paris et publia son traité de lithographie, accompagné d'un atlas de trente-six dessins faits par les premiers artistes et imprimés en partie par lui même.

Cette même année, M. Raucourt fit paraître un ouvrage dans lequel on put lire la description de tous les procédés lithographiques jusque-là restés secrets, et Legros d'Anisy eut l'idée de transporter les épreuves de taille-douce sur la pierre et inversement de décalquer les épreuves lithographiques sur la poterie.

En 1823, M. Frère de Montizon imprima à l'aide d'un système qu'il fit breveter et qui consistait à opérer un relief sur la pierre.

En 1828, M. Barnett, fils du consul des Etats-Unis en France et savant technologue, importa en Amérique l'art de la lithographie.

En 1828, également, les plus grandes villes de France entrèrent dans le courant et eurent à l'instar de Paris et des grandes capitales, des ateliers lithographiques.

La même année la Société d'encouragement ouvrit

un concours pour l'application de la lithographie à l'impression directe en couleurs.

En 1832, M. Girardet reçut de la Société d'encouragement un prix de 2,000 francs pour avoir réuni pour la première fois la lithographie à la typographie.

Il nous est resté de Girardet quelques ouvrages artistiques parmi lesquels il faut citer les *Batailles d'Alexandre*, d'après Lebrun et le *Maître d'école* d'après Richter.

En 1834, Senefelder mourut le 26 février, à l'âge de 63 ans, après avoir reçu dans les dernières années de sa vie toutes les marques d'estime et toutes les faveurs que méritaient son génie. S'il eut à souffrir au commencement de ses travaux, plus heureux que bien d'autres inventeurs, il eut avant de mourir la douce satisfaction de voir l'art qu'il avait créé atteindre déjà un degré de prospérité qui surpassait ses premières espérances.

En 1837, Engelmann prit un brevet d'invention de 10 ans pour un nouveau procédé au moyen duquel on évitait de colorer au pinceau les épreuves tirées en noir lorsque plusieurs couleurs devaient être appliquées ultérieurement.

A partir de ce moment la Chromolithographie fut inventée et la Société d'encouragement accueillit les heureux essais d'Engelmann en lui décernant le prix de 2,000 francs qui était au concours depuis 1828.

En 1840, M. Louis Tissier mit de nouveau en lumière un procédé connu de gravure en relief qu'il décora du nom pompeux de Tissiérographie et qui n'eut aucun succès bien réel, malgré le concours des artistes capables dont l'inventeur s'était entouré.

En 1842, M. Armand Séguier, membre de l'Académie, obtint par un procédé nouveau des reproductions très-imparfaites de photographies sur pierres lithographiques.

Vers 1849, Paul Dupont inventa une presse à encrage et impression simultanées.

En 1850, M. Gillot, de Paris, innova un procédé de gravure chimique en relief sur une plaque de zinc sur laquelle il décalquait les épreuves obtenues à l'aide de la gravure sur pierre.

L'invention de M. Gillot a reçu la dénomination de Paniconographie ; quelques industriels l'appellent aussi Gillotypie.

En 1855, M. Poitevin découvrit la propriété que possède le bichromate de potasse de s'impressionner à la lumière lorsqu'il est mélangé avec des matières mucilagineuses ou gommeuses.

La reproduction des épreuves photographiques par la voie de la lithographie fut la conséquence toute naturelle de cette découverte. Poitevin donna le nom de Photolithographie à l'art nouveau qu'il avait créé ; le nom de Lithophotographie a été adopté de préférence par M. Lemercier pour tous les procédés qui ont pour but de reproduire la photographie sur pierre et qu'il a perfectionnés et rendus pratiques. Cette dernière désignation semble en effet consacrer le droit d'aînesse de la lithographie tout en lui accordant le mérite principal dans toutes ces découvertes nouvelles.

Les dernières expositions universelles nous ont montré tous les progrès récents que les arts lithographiques ont accompli sous la direction savante et sous l'impulsion intelligente de quelques grands industriels français.

Les albums des Lemercier, des Didot, des Engelmann et Graf, des Paul Dupont, Bertaut, Dupuy, Bry, Becquet, Plon, Gasté, Régnier, Chaix et Cie, de l'Imprimerie nationale et de tant d'autres maisons françaises importantes présentent en ce moment au Palais de l'Exposition du Champ-de-Mars un ensemble de merveilles qui honorent notre pays et qui contribuent à lui assigner incontestablement la première place dans cet immense tournoi de l'intelligence, dans cette lutte gigantesque et pacifique des peuples.

La richesse du goût, la perfection du style et une originalité toute française caractérisent les œuvres de nos artistes dans toutes les productions lithographiques créées jusqu'à ce jour. Voilà pourquoi un critique d'art bien connu, M. Charles Blanc, aujourd'hui membre de l'Académie française, a pu dire, il y a quelques années avec toute l'autorité qui s'attache à son talent : « bien qu'un Allemand l'ait inventée, la Lithographie est un art français ; français par les qualités qu'il exige et qui sont nôtres. »

Augustin WATON
Ingénieur civil des mines.

DESCRIPTION SOMMAIRE DES DIVERSES BRANCHES DE L'ART LITHOGRAPHIQUE

ÉCRITURES ET DESSINS A L'ENCRE.

Aujourd'hui on donne le nom de lithographie à toute espèce d'impression faite sur pierre calcaire, mais, suivant l'origine réelle du mot, la Lithographie est l'art d'écrire ou de dessiner sur pierre (λιθος γραφειν).

L'écriture et le dessin peuvent se faire à la plume, au crayon ou au pinceau.

Avant que l'artiste puisse se servir utilement de la pierre pour y tracer les caractères à reproduire, il faut qu'elle ait subi les opérations du grainage et du polissage.

Pour donner le grain à la pierre, il faut la saupoudrer de sable fin et la frotter avec une autre pierre de même nature jusqu'à ce qu'on ait obtenu une surface plane d'un grain uniforme.

Le polissage s'exécute de la même manière que le grainage, seulement on se sert d'un sable beaucoup plus fin et l'on achève l'opération en passant la pierre ponce jusqu'à ce qu'on ait obtenu une surface lisse et luisante comme le marbre poli.

On termine le travail préparatoire de la pierre en la lavant à grande eau et en passant sur sa surface une dissolution d'eau de savon très-claire ou mieux quelques gouttes d'essence de térébenthine.

Après ces diverses préparations la pierre est complétement prête à recevoir le travail de l'artiste.

La propreté, la précision, les soins les plus minutieux et le bon goût sont des qualités indispensables à l'écrivain ou au dessinateur sur pierre.

L'encre lithographique dont on se sert pour l'écriture et le dessin à la plume est composée de cire jaune, de suif, de gomme laque, de mastic en larmes, de savon blanc, de térébenthine de Venise, d'huile d'olives et de noir de fumée, dans des proportions plus ou moins variables.

L'encre lithographique est généralement solide; on la dissout dans un godet avec autant de facilité que l'encre de Chine.

Les meilleures plumes sont celles qui sont faites avec une lame d'acier mince que l'artiste taille lui-même à sa convenance à l'aide d'un canif et de ciseaux.

Le choix de la pierre est très-important dans les travaux d'écriture ou de dessin à la plume.

On doit donner la préférence aux pierres dures et grises, alors même qu'elles seraient un peu fissurées ou nuancées; on doit rejeter impitoyablement les pierres blanches et tendres, celles dont la cassure est grenue, celles dont la pâte poreuse absorbe l'eau immédiatement ou enfin celles dont le grain est poussiéreux.

Avant de procéder à l'impression, la pierre a besoin de subir une préparation que l'on nomme *acidulation* et sans laquelle il ne serait pas possible d'obtenir une seule épreuve.

L'acidulation décape la pierre ; augmente la pureté des traits en leur donnant un léger relief ; facilite la mouillure en développant la porosité du calcaire , fixe enfin l'écriture ou le dessin en rendant l'encre insoluble dans l'eau.

L'acidulation se fait par ablution, par immersion ou au pinceau.

L'acide dont on se sert habituellement est l'*acide azotique* étendu d'eau, appelé encore *eau-forte* ou *esprit de nitre* ; l'*acide chlorhydrique* dit *esprit de sel* est aussi employé dans quelques ateliers à cause de la modicité de son prix.

Après avoir versé l'acide étendu d'eau sur la pierre, on la lave à grande eau et on passe sur la surface polie une couche de gomme arabique ou du Sénégal qui se combine à la pierre et lui donne la propriété de repousser l'encre grasse d'impression partout ou l'écriture n'est pas tracée.

La théorie chimique de la lithographie est assez complexe.

En déposant l'encre grasse sur le calcaire compacte il se produit une double décomposition entre le carbonate de chaux de la pierre et les oléates et stéarates de soude qui sont les principaux éléments chimiques du savon, du suif et de la cire entrant dans la composition de l'encre lithographique.

Il se forme des oléates et stéarates de chaux ainsi que du carbonate de soude. Les savons de chaux ainsi produits sont insolubles dans l'eau et les huiles fixes ou volatiles.

Après l'acidulation et le gommage, les phénomènes chimiques sont beaucoup plus compliqués et quelque peu obscurs.

L'acide azotique attaque le calcaire, le dissout sur une petite épaisseur et l'azotate de chaux formé se combine, fort probablement, avec la gomme pour former un sel double insoluble qui recouvre toute la surface de la pierre. L'acide azotique agit aussi sur les traces des oléate et stéarate de chaux déjà formés par l'action de l'encre, il s'empare des alcalis et met en liberté les acides oléique et stéarique.

D'après M. Jobard, la théorie de la lithographie peut se résumer en ces mots : « Tracez sur une pierre, à l'aide d'un corps gras ou bitumineux, un dessin quelconque, décapez avec un mélange d'acide et de gomme, humectez votre planche avec une éponge, et, pendant qu'elle est imprégnée d'humidité, passez sur le tout un rouleau enduit d'encre d'imprimerie, il s'établira bien vite une adhérence entre le corps gras du rouleau et le corps gras du dessin, tandis que l'humidité qui couvre le reste de la planche s'opposera à l'adhérence du noir gras du rouleau sur le fond de la pierre. »

Comme on le voit, la théorie de la lithographie repose sur un jeu complexe d'affinités chimiques et d'attractions moléculaires. Senefelder a donc eu raison de donner à sa merveilleuse découverte le nom d'*im-*

pression chimique en opposition avec la typographie qui est un art essentiellement mécanique.

AUTOGRAPHIE. — FAC-SIMILE.

On donne le nom d'autographie au procédé qui consiste à transporter sur une pierre l'écriture ou les dessins faits à la plume, avec une encre spéciale, sur un papier préparé, pour les reproduire ou les multiplier ensuite par la voie de l'impression lithographique.

Le papier sur lequel on exécute l'écriture ou le dessin original est habituellement du papier mince collé et uni, recouvert d'une couche légère d'une composition dans laquelle entrent : l'amidon, l'alun, la gomme adragante et une matière colorante quelconque.

L'encre spéciale dont on se sert pour écrire sur le papier autographique est grasse et onctueuse ; elle est composée : de savon blanc, de cire jaune, de gomme laque en tablettes, de mastic en larmes et d'eau, dans des proportions qui varient presque dans chaque atelier.

Pour opérer, on commence par jeter de la sandaraque en poudre sur le papier, s'il n'est pas suffisamment satiné ; on écrit ou on dessine ensuite de préférence avec une plume d'oie ; puis, on assujettit sur une presse lithographique ordinaire une pierre bien poncée et exempte d'humidité ; et, quand tout est bien réglé, on décalque sur cette pierre l'écriture ou le dessin que l'on désire reproduire.

On reconnaît que l'opération est bien réussie lorsque la feuille de papier, convenablement mouillée, se détache avec facilité après avoir abandonné à la pierre tous les caractères tracés.

L'impression se fait après cela par les procédés ordinaires de la lithographie.

Le fac-simile n'est autre chose que la reproduction authentique d'une écriture originale.

Les fac-simile s'obtiennent généralement par l'autographie, seulement, on se sert d'un papier végétal transparent et préparé afin de pouvoir obtenir facilement la copie des caractères à reproduire.

M. Jobard a inventé un procédé de reproduction des fac-simile dans lequel il remplace le papier végétal par un taffetas ciré de couleur laiteuse.

Avant d'écrire, de dessiner ou de copier sur le taffetas transparent, il convient de passer au pinceau, sur sa surface, une couche d'essence de térébenthine ou d'eau de savon ; on décalque ; l'impression se termine ensuite par les procédés ordinaires de la lithographie.

On doit aussi à M. Dessaix un procédé de reproduction des fac-simile au moyen d'une composition autographique que l'on pose directement sur l'objet à reproduire.

Les premiers travaux autographiques ont été exécutés par un Français du nom de Brunet, en 1799, peu de temps après la découverte de la lithographie. Cependant Senefelder dans son traité paraît s'arroger l'honneur de cette nouvelle découverte qu'il considère comme une heureuse application de l'imprimerie chimique dont il est le seul inventeur.

L'autographie ne peut pas rivaliser avec la gravure ou avec la lithographie proprement dite pour la finesse de l'exécution, l'élégance de la forme et le mérite de l'artiste, mais dans certains cas elle présente pourtant d'immenses avantages sur tous les autres genres d'impression connus.

L'industrie, les sciences, les arts, les tribunaux, les administrations et le commerce surtout se servent couramment de l'autographie pour tous les travaux tels que : mémoires, projets, avis, prospectus, circulaires, etc., etc., qui nécessitent une exécution rapide, économique et facile.

LE DESSIN AU CRAYON.

En lithographie l'art de dessiner au crayon consiste à tracer sur une pierre, à l'aide d'un crayon gras spécial, des dessins qui sont ensuite reproduits par les procédés lithographiques ordinaires.

Les crayons dont se servent les artistes ont une composition qui varie bien quelque peu, mais qui contiennent tous à peu près les mêmes principes suivants :

La cire qui résiste très-bien aux acides ;

Le savon qui s'introduit facilement dans les pores de la pierre ;

Le suif qui a de l'attraction pour l'encre d'impression ;

La résine qui donne de la consistance au mélange ;
Le noir de fumée qui donne la couleur au crayon.

Pour dessiner au crayon lithographique, il faut choisir une pierre compacte, à grain en rapport avec le genre de dessin qui doit être exécuté, à teinte uniforme et exempte de toutes les imperfections des pierres communes.

Pour recevoir la touche du crayon, la pierre doit être grainée seulement et non polie comme pour la gravure ou pour l'écriture.

L'artiste doit éviter soigneusement tous les accidents qui pourraient déterminer des taches sur le dessin : l'empreinte des doigts, les pellicules de la tête, les bulles de salive, les gouttes d'eau, les éclats de la taille du crayon, etc., sont autant de causes qui peuvent laisser des marques défectueuses sur les pierres. L'artiste dessine en sens inverse afin que l'épreuve de sa composition soit dans le sens naturel.

Lorque le dessin est achevé, on procède à l'acidulation, et le tirage des épreuves s'opère ensuite par la voie ordinaire de la lithographie.

On exécute quelquefois dans les ateliers des dessins qu'on appelle, *aux deux crayons*, par des procédés assez variables mais qui tous ont pour but d'éteindre la vivacité des clairs en tempérant la lumière et de donner de la vigueur aux ombres en les accentuant d'avantage.

On se sert aussi souvent du pinceau ou de la plume pour compléter les effets du crayon et pour obtenir une grande harmonie dans l'ensemble.

LAVIS ET AQUA-TINTA LITHOGRAPHIQUES.

Le Lavis et l'Aqua-tinta lithographiques sont des procédés à l'aide desquels on exécute et on reproduit sur pierres des dessins imitant les lavis ordinaires à l'encre de Chine, au bistre ou à la sépia.

C'est en 1819 qu'Engelmann découvrit le lavis lithographique; avant lui, Senefelder et d'autres artistes avaient cherché à atténuer la crudité du dessin au crayon lithographique, sans avoir pu obtenir des résultats satisfaisants.

Après Engelmann on peut citer MM. Jobard, Hancké, Knecht et Lemercier qui ont tour à tour modifié ou perfectionné le procédé primitif.

La description de ces procédés nous entrainerait trop loin, nous nous contenterons de dire qu'à l'aide du lavis et de l'aqua-tinta, un artiste peut obtenir des teintes plates de différentes valeurs, ombrer au pinceau en plusieurs tons, obtenir indifféremment des effets de clair sur fond obscur et réciproquement et enfin dégrader l'obscur et le clair à volonté pour obtenir les effets les plus surprenants.

Dans les lavis et les aqua-tinta les lumières fulgurantes, les demi-teintes pâteuses et les fonds obscurs se choquent suivant la volonté de l'artiste en éblouissant l'œil par des contrastes qui donnent à ces productions artistiques un aspect presque fantasmagorique.

L'abandon de plus en plus grand de ces procédés provient de la difficulté que l'on éprouve à obtenir un grand nombre d'épreuves du même sujet et des soins délicats qui sont nécessaires pendant le tirage.

Jusqu'à présent, en effet, dans toutes les branches de la lithographie, on a éprouvé une difficulté insurmontable pour fixer d'une manière durable sur les pierres les traits les plus fins et les plus délicats et pour empêcher les traits principaux d'augmenter de force d'épreuve en épreuve.

LA GRAVURE EN CREUX.

La gravure en creux est un procédé qui consiste à imprimer des épreuves en se servant d'une pierre lithographique, sur laquelle on a gravé, entaillé, creusé des lignes ou des traits quelconques, soit à l'aide d'une pointe d'acier ou de diamant, soit à l'aide de l'eau-forte.

La gravure lithographique en creux n'est pas basée comme l'écriture sur pierre, sur un jeu d'affinités chimiques et d'attractions moléculaires; elle constitue un procédé tout à fait mécanique qui a la plus grande analogie avec la taille-douce sur métaux.

L'exécution de ce procédé réclame surtout très-impérieusement des pierres calcaires exemptes de tout défaut.

Pour graver sur une pierre, on commence par la polir soigneusement et par l'aciduler; puis, on recouvre toute la surface ainsi préparée d'une couche de noir de fumée ou de sanguine; on décalque ensuite le dessin ou l'écriture que l'on doit imprimer et l'on grave les caractères décalqués en se servant d'une pointe fine d'acier ou mieux d'une pointe de diamant. Lorsque la gravure est terminée, on passe une couche d'huile dans toutes les tailles; au bout de quelques minutes on enlève cette huile par un lavage soigné; puis, on passe un tampon ou une brosse imprégné du noir d'impression; la pierre est ensuite gommée; et, au bout de quelques heures, on lave de nouveau la surface de la pierre pour enlever l'excédant de gomme; on passe le rouleau ou un tampon, en se servant d'une encre un peu liquide; on procède enfin au tirage des épreuves.

On peut encore graver en creux sur pierres de la même manière que l'on grave sur cuivre, seulement, on acidule et on gomme la pierre avant de la recouvrir par le vernis.

La lithographie en creux offre enfin le moyen de produire des gravures qui imitent assez bien celles que l'on obtient au moyen de la gravure sur bois.

Pour cela, il faut polir la pierre; la couvrir d'un vernis; décalquer le dessin; creuser avec une pointe d'acier, ou faire ronger à l'acide nitrique étendu d'eau les parties qui doivent rester blanches; puis, on acidule, on gomme et on procède au tirage.

La gravure sur pierre en creux présente, sous quelques rapports et dans quelques genres de travaux, des avantages sur la gravure en taille-douce. Elle est plus facile et plus prompte dans l'exécution, par conséquent plus économique; elle peut supporter un long tirage sans altération sensible et les épreuves qui en proviennent conservent toujours la beauté du noir que perdent souvent les gravures sur cuivre; lorsque ce genre est traité par une main habile, il offre une douceur et une harmonie qui plaisent à la vue.

Pendant longtemps on ne s'est servi de la gravure sur pierre que pour la confection des cartes géographiques et de quelques productions artistiques; de nos jours, la science, les arts, l'industrie et le commerce, ont recours à cette branche spéciale de la lithographie, toutes les fois que l'impression d'un travail comporte ou nécessite une exécution délicate.

GRAVURE EN RELIEF SUR PIERRE.

Le véritable inventeur de la gravure en relief est assez difficile à distinguer.

Comme nous l'avons déjà dit, on trouve décrit, dans des livres anciens, le procédé qui consiste à graver en relief sur un œuf en traçant avec du suif fondu des caractères sur sa coquille et en plongeant ensuite l'œuf tout entier dans un acide faible ou dans du vinaigre.

On peut voir au musée de Munich certaines pierres gravées en relief.

On retrouvera dans les mémoire de l'Académie des sciences, de l'année 1728, page 64, le procédé inventé par Dufay, pour graver les pierres et le marbre.

Senefelder et son contemporain Schmidt, ont

imprimé jusqu'en 1799 par des procédés qui n'étaient autres que celui de la gravure en relief.

En 1809, M. Duplat obtint un brevet d'invention pour un procédé de gravure en relief qui consistait à dégager les entretailles de la pierre lithographique à la manière des graveurs sur bois, puis à prendre des clichés sur la pierre gravée, à l'aide d'une plaque de plomb frappée au balancier.

Un autre brevet fut pris en 1823 par M. Frère de Montizon.

En 1832, M. Girardet obtint de la Société d'encouragement un prix de 2,000 francs pour une utilisation du relief lithographique. Cet artiste éminent nous a laissé quelques chefs-d'œuvre impérissables, parmi lesquels figurent en première ligne : *les Batailles d'Alexandre le Grand* d'après Lebrun, et *le Maître d'école* d'après Richter.

En 1840, M. Tissier se posa comme inventeur d'un art nouveau, qu'il décora du nom pompeux de *Tissiérographie* et qui n'était rien autre que l'application heureuse des procédés déjà connus.

De nos jours, on a presque complétement abandonné cette méthode difficile, qui ne peut convenir qu'à certains travaux particuliers, tels que l'impression des fonds de mandats et d'effets de commerce à l'encre délébile, ou l'impression des foulards et des étoffes, en général, avec les couleurs et mordants en usage dans l'impression des indiennes; on a trouvé maintenant pour ces divers travaux des méthodes plus expéditives et plus sûres.

LITHOTYPOGRAPHIE.

La lithotypographie est l'art de reproduire et de multiplier sur pierre une planche imprimée déjà avec les caractères typographiques ordinaires.

Pour opérer, on commence par tirer, sur papier de Chine de reports, une épreuve de la composition typographique à reproduire, puis on décalque cette épreuve sur pierre et on termine l'impression par la voie ordinaire de la lithographie.

Ce procédé est surtout employé quand la composition de l'épreuve ne contient que fort peu de caractères typographiques, ou lorsque l'on veut conserver à certaines vignettes, cadres et médailles, le fini et la perfection de la gravure sur pierre.

Paul Dupont et Auguste Dupont se sont beaucoup servis de la lithotypographie pour la reproduction des manuscrits, fac-simile, etc.

Par certains procédés lithotypographiques , on opère quelquefois le tirage des épreuves sans le foulage, et, dans ce cas, on rend complétement inutile le satinage.

Les premiers essais tentés pour réunir la lithographie à la typographie, sont dus à M. Girardet, qui reçut en 1832 un prix de 2,000 francs de la Société d'encouragement.

TYPOLITHOGRAPHIE.

Le procédé de la typolithographie consiste à imprimer d'abord sur pierre des épreuves en réservant dans le texte des intervalles au milieu desquels on intercale toute espèce de dessins, d'ornements ou d'accessoires que l'on tire ensuite en typographie.

On se sert habituellement de la typolithographie lorsque le texte d'une épreuve typographique contient des signes, des caractères ou des dessins quelconques qui ne se recontrent pas dans les casiers des compositeurs ; dans ce cas, on écrit ou on grave sur pierre les parties accessoires du texte, on reporte la composition de la pierre sur zinc, on opère le relief et l'on joint ensuite le cliché obtenu aux caractères typographiques pour tirer enfin les épreuves définitives par les procédés ordinaires de la typographie.

PHOTOLITHOGRAPHIE OU LITHOPHOTOGRAPHIE.

Ces deux mots, dont l'origine est absolument identique, désignent des procédés héliographiques peu différents, au moyen desquels on produit sur pierres lithographiques des images photographiques propres à être multipliées par les méthodes ordinaires de la lithographie.

En 1842, on s'occupait déjà de photolithographie et un membre de l'Académie, M. Armand Séguier, arriva à décalquer sur une pierre une épreuve photographique, mais son procédé très-incomplet n'eut aucune application.

En 1855, M. Poitevin présenta à l'Académie des sciences des épreuves photographiques reproduites par la voie de la lithographie et donna pour la première fois l'explication de sa découverte.

Le procédé de M. Poitevin est basé sur la propriété que possède le bichromate de potasse de s'impressionner par l'action de la lumière lorsqu'il est mélangé avec des matières organiques gommeuses, mucilagineuses ou gélatineuses.

Pour opérer, on commence par appliquer sur la surface polie d'une pierre lithographique une ou plusieurs couches d'une solution spéciale, en prenant soin de laisser sécher la pierre à l'obscurité. Après dessiccation des couches, on impressionne la surface sensibilisée à travers les négatifs des dessins à reproduire. Si l'on applique ensuite à l'aide du tampon ou du rouleau l'encre grasse des reports sur la surface impressionnée, il n'y a que les parties qui ont subi l'action de la lumière à travers le cliché photographique qui sont susceptibles de prendre le noir ; les autres parties le repoussent. On achève alors l'opération par les procédés habituels de la lithographie.

En 1856, M. Poitevin reçut le prix institué par M. le duc de Luynes, en récompense de ses belles découvertes.

Depuis M. Poitevin, des procédés photolithographiques ont été successivement essayés par MM. Rondini, Lerebours, Lemercier, Barreswil, Bry, etc.

Aucun succès bien satisfaisant n'est venu jusqu'à ce jour couronner les efforts de ces infatigables chercheurs.

M. Lémercier, en particulier, a essayé de bien des manières de transporter directement sur une pierre lithographique l'empreinte daguerrienne.

Ce difficile problème ne sera réellement bien résolu que lorsque, par un procédé pratique, on parviendra à rendre la pierre assez sensible pour y reporter une épreuve photographique avec la même facilité que l'on exécute sur pierre le report d'une gravure.

Les résultats, très-intéressants, obtenus déjà par M. Lemercier ont été rendus pratiques pour certains travaux communs, mais ils sont encore d'un mérite secondaire relativement à la reproduction fidèle des clichés photographiques.

Le nom de Lithophotographie a été adopté de préféférence par M. Lemercier pour tous les travaux qui ont pour but de reproduire la photographie sur pierre.

Cette désignation semble, en effet, consacrer le droit d'aînesse de la lithographie tout en lui accordant le mérite principal dans tous les procédés nouveaux.

LITHOCHROMIE.

On appelle ainsi le procédé par lequel on imite la peinture à l'huile à l'aide de lithographies peintes à l'envers et collées sur toile.

Pour obtenir une lithochromie, on commence par tirer sur un papier mince une épreuve lithographique

d'un dessin exécuté le plus souvent au crayon noir ;
on augmente la transparence du papier en l'imbibant
d'un vernis gras et l'on étend ensuite derrière le dessin les couleurs qui doivent le transformer.

Pour obtenir une imitation assez-convenable de la
peinture à l'huile, il faut étendre le plus régulièrement
possible, derrière le papier transparent, une série nom-
breuse de couches épaisses de couleurs à l'huile ; on
colle ensuite l'estampe sur une toile à tableaux et on
termine en vernissant l'extérieur du papier,

La lithochromie imite en général d'une manière assez-
imparfaite la peinture à l'huile ; néanmoins, certains
artistes, parmi lesquels nous devons citer en France
M. Jacomme, ont su obtenir par ce procédé des effets
réellement remarquables.

PANICONOGRAPHIÉ.

La Paniconographie est un procédé nouveau de
gravure chimique en relief sur zinc, inventé en 1850,
par M. Gillot, de Paris.

Pour obtenir des épreuves paniconographiques, on
dessine ou on grave d'abord sur pierre lithographique ; on tire ensuite une épreuve sur papier de Chine
du dessin ou de la gravure sur pierre et l'on décalque cette épreuve, avant qu'elle soit sèche, sur une
plaque de zinc poncée ou mieux galvanisée.

On continue en encrant le report avec le rouleau et l'on saupoudre de fleur de résine la sur-

face de la plaque de zinc pour solidifier les parties
encrées.

On plonge après cela la plaque métallique dans uu
bain d'acide azotique très-étendu pour opérer le mor-
dançage qui creuse les vides ; on opère le montage de
la plaque sur bois ou sur plomb et l'on tire les
épreuves du cliché ainsi obtenu, par la voie de la
typographie.

Cet art nouveau est surtout d'une grande utilité
pour la reproduction économique et fidèle des cartes
géographiques, géologiques et autres en relief, pour
lesquelles la gravure sur bois est longue, difficile et
coûteuse. Les résultats obtenus par ce procédé sont
très-remarquables.

CHROMOLITHOGRAPHIE.

L'art d'imprimer en couleur sur des pierres lithographiques s'appelle la Chromolithographie.

Nous n'entreprendrons pas de donner la description
d'un art aussi complexe, il faudrait pour cela une
plume plus autorisée que la nôtre en pareille matière ;
nous nous bornerons donc à donner quelques indications
sur les progrès de cette belle découverte.

En 1457, peu après la découverte de Gutenberg, qui
remonte, comme on le sait, à 1440, on imprimait
déjà en couleur sur des planches gravées en relief.
En 1722, J. Ch. Leblon publia certaines gravures en
trois et quatre couleurs, tirées sur des planches gravées.

Marcel de Serres a été le premier à s'occuper de l'application de la lithographie à l'impression en couleur; ses premiers essais datent de 1814. On trouvera le résultat détaillé des travaux de Marcel de Serres, dans les *Annales des arts et manufactures*.

Voici en quelques mots comment il opérait.

Il décalquait les sujets qu'il voulait reproduire sur autant de pierres lithographiques que la composition comportait de couleurs; puis, un dessinateur recouvrait toutes les parties d'une même pierre qui correspondaient à une même couleur, avec une encre lithographique spéciale ; les pierres étaient ensuite acidulées, lavées et devenaient ainsi propres au tirage. Les inconvénients de cette méthode étaient les suivants :

1° Difficulté de décalquer exactement le même dessin sur différentes pierres;

2° Allongement du papier après une série d'opérations sous la presse ;

3° Repérage abandonné aux soins de l'ouvrier.

La Société d'encouragement comprit en 1828 les avantages que l'on pourrait retirer de l'application de la lithographie à l'impression directe en couleurs; elle ouvrit un concours et offrit un prix de 2,000 francs.

En 1830, trois concurrents MM. Quinet, Desportes, Knecht et Roissy se disputèrent ce prix sans que leurs efforts parvinssent à le mériter.

Engelmann, de son côté, étudiait la question dans l'établissement modèle qu'il venait d'installer à Paris, en cherchant les moyens de rendre plus pratiques les résultats de Marcel de Serres. Il y parvint par l'emploi du papier sec et laminé et par l'invention d'une machine à repérer ; il prit, en 1837, un brevet d'invention de 10 ans. La même année, à la suite d'un rapport favorable de M. Gautier de Claubry, sur les mérites des perfectionnements apportés par Engelmann à l'art nouveau de la Chromolithographie, la Société d'encouragement décerna à cet industriel le prix qui était au concours depuis 1828.

L'impression en couleur resta cantonnée dans l'exécution des épreuves que l'on peut exécuter au moyen de teintes et du travail à l'encre, jusqu'à ce que des artistes et des industriels, parmi lesquels nous citerons en première ligne Lemercier et Firmin Didot, étendirent la Chromolithographie aux ouvrages d'art.

De nos jours, cet art nouveau est devenu d'un emploi général dans les travaux courants de la Lithographie ; mais, si sa vulgarisation tend à s'accentuer de plus en plus, les productions vraiment artistiques restent toujours l'apanage de quelques rares maisons.

PROCÉDÉS LITHOGRAPHIQUES DIVERS.

En dehors des procédés particuliers que nous venons de décrire sommairement, il existe encore une série de travaux dont l'exécution se rattache plus ou moins directement à l'art lithographique.

De ce nombre sont : l'impression des papiers de sûreté, l'impression aux encres délébiles, l'impression mosaïque, le tirage sur carton ou papier porcelaine, l'impression au bronze de plusieurs nuances ou aux feuilles d'or, les réductions et les agrandissements des épreuves lithographiques à l'aide d'une feuille de caoutchouc ou par la photographie, les reproductions de vieux manuscrits et tous les travaux de reports en général.

On trouvera la description complète de ces procédés dans les rares ouvrages qui ont été écrits sur la lithographie, parmi lesquels nous croyons devoir signaler ceux que nous avons consultés nous-mêmes, savoir :

Les Mémoires de l'Académie des sciences,

Les Annales des arts et manufactures,

Le journal le Lithographe,

Les Dictionnaires de Larousse et de Laboulaye,

Les traités et recueils divers sur la Lithographie de MM. Senefelder, Knecht, colonel de Raucourt, comte de Lasteyrie, Chevalier et Lenglumé, Engelmann, Lemercier.

En présentant dans ce travail un aperçu sommaire des divers procédés lithographiques nous avons eu pour but :

1° De faire apprécier l'importance considérable d'une industrie aujourd'hui toute française, puisque, dans l'espace d'un demi-siècle, elle a reçu chez nous l'impulsion vigoureuse qui a déterminé ses rapides progrès ;

2° De montrer aussi combien est vaste le champ des procédés ingénieux dont l'exécution comporte l'utilisaon des pierres calcaires compactes.

3° Enfin, de donner une idée des résultats heureux et de la prospérité certaine qu'atteindra, dans l'avenir, toute exploitation de pierres lithographiques dont les qualités répondront pleinement aux besoins impérieux des diverses branches qui doivent à la découverte de la Lithographie leur utilité journalière, ou le charme de leur originalité artistique.

[illegible]

[illegible]
[illegible]
[illegible]

[illegible]

[illegible]

[illegible]

[illegible]
[illegible]
[illegible] looking [illegible]

CHAPITRE I

OROGRAPHIE, HYDROGRAPHIE, TOPOGRAPHIE

La chaîne de montagnes très-sinueuse des Apennins, Point de jonction des Alpes et des Apennins, ligures. qui parcourt l'Italie sur plus de 300 lieues de longueur, se détache véritablement des Alpes au col d'*Altare*, situé entre les villes de Ceva et de Savone et au Nord-Ouest de cette dernière.

La partie de cette chaîne de montagnes que l'on désigne sous le nom d'Apennin septentrional commence au pic de *Cadibone*, dominant le col d'Altare, traverse les anciens États Sardes, les duchés de Parme et de Modène et se termine au Monte *Cornaro*, dans le grand-duché de Toscane et à l'Est de Florence.

Cette délimitation orographique généralement admise n'est pas acceptée cependant par certains savants, qui, se basant sur des considérations géologiques et ethnographiques, ont cru devoir placer le point de jonction des Alpes et des Apennins au voisinage du col de Tende. Certains auteurs italiens font même remonter la soudure de ces deux chaînes importantes de l'Europe au Nord de la Stura, c'est-à-dire au mont Lauzanet situé un peu au-dessous du mont Viso, au point où prennent aussi naissance les montagnes de la Provence.

Quoi qu'il en soit, nous conserverons le nom d'*Apennins ligures*, que l'on donne de l'autre côté de la frontière à cette chaîne intermédiaire que nous appelons en France les Alpes maritimes (du mont Lauzanet au col d'Altare), et sur laquelle se termine assurément à un point plus ou moins précis la grande courbe que les Alpes décrivent à l'Occident.

Le mont Lauzanet affecte la forme d'une pyramide triangulaire qui renvoie ses eaux dans trois bassins différents: au couchant, dans la vallée de la Durance, au N. E. dans la vallée de la Stura, affluent du Pô, et au S. E. dans la vallée du Var.

A partir de son point de jonction avec les Alpes, cette chaîne intermédiaire court d'abord dans la direction du S. E. non loin d'Isola; elle s'étend ensuite plus franchement à l'E. jusqu'aux environs du col de Tende, endroit où elle atteint presque sa plus grande hauteur en dépassant l'altitude de 2,500 mètres; puis, par un changement de direction subit, elle se dirige vers le S. S. E. jusqu'aux sources de l'Aroscia, d'où elle prend ensuite la direction de l'E., qu'elle quitte bientôt pour se diriger au N. E. en se rapprochant d'Albenga, de Savone et en contournant ainsi tout le golfe de Gênes,

La zone étroite de terrains montagneux limitée au Nord par la chaîne principale des Apennins, au Midi par la Méditerranée; par les eaux du Var à l'Ouest, et par la rivière appelée la Magra à l'Est, est ce que l'on appelle la Ligurie maritime : elle est comprise entre le 43⁰ et le 44⁰ degré de latitude et entre 4° 52′ et 7° 30′ de longitude ouest (méridien de Paris).

Délimitation de la
Ligurie maritime.

Ces pays sont constitués dans leur ensemble par une série de montagnes à pentes rapides et de vallées ou gorges étroites formées par des chaînons secondaires, lesquels se détachent de la chaîne principale en projetant en tous sens des rameaux qui s'abaissent graduellement jusqu'à la mer.

Contre-forts
subapennins

Ces derniers contre-forts montagneux ont reçu le nom de *subapennins*.

Parmi les chaînes secondaires qui se détachent de la chaîne principale des Apennins ligures, on rencontre d'abord en partant de l'Ouest, non loin d'Isola, un contre-fort direction N.-S. qui sépare les eaux de deux affluents du Var : la *Tinea* et la *Vesubia*.

Un peu plus loin et avant d'arriver au col de Tende se trouve un autre éperon de grande dimension qui se dirige vers le Midi par les cimes des monts Bego et Raus en formant la séparation du bassin du Var et de celui de la Roja, fleuve dont l'embouchure est à Vintimille.

Le même éperon, par une bifurcation, forme la petite vallée du *Paglione*, au fond de laquelle coule le torrent impétueux qui descend à Nice.

Plus à l'ouest, au point où la chaîne principale des Apennins quitte la direction S. S. E. pour courir franchement à l'est, se trouve un énorme nœud montagneux duquel s'échappe un autre contre-fort qui continue la direction S. S. E.

Ce dernier contre-fort sépare les eaux :

1° De l'*Argentina*, fleuve dont l'embouchure est à Taggia ;

2° De l'*Aroscia*, qui, grossie de la *Nevia*, traverse sous le nom de la *Centa*, avant de se jeter dans la mer à Albenga, une des rares petites plaines riantes de la Ligurie.

Sources de l'Impero.

C'est précisément dans une des ramifications N. E. de cette dernière chaîne subapennine que se trouve situé le *Monte Grande ;* ou *Monte Carpassima*, dont l'altitude est de 1,452 mètres, et sur les pentes abruptes duquel descendent les premiers torrents qui forment les sources de l'Impero, ou fleuve d'Oneglia.

L'Impero est plutôt, à vrai dire, un torrent qu'un fleuve, car si la largeur de son lit, dépassant 100 mètres près de son embouchure, atteste d'une manière évidente l'impétuosité de son cours et l'abondance de ses eaux, lorsque les pluies d'orages inondent les montagnes qui l'encaissent, par contre, ce fleuve minuscule, dont le parcours n'est que de 18 kilomètres, promène pendant tout le restant de l'été son maigre filet d'eau sur une grève de gros cailloux roulés et de sables grossiers.

En descendant le cours de l'Impero, on rencontre à quelques kilomètres de son embouchure, sur les ramifications montagneuses du dernier contrefort subapennin que nous avons décrit et dans le canton de Port-Maurice, province du même nom :

    1° les villages de *Sant'-Agata* et de *Borgo Sant'-Agata :*

    2° le bourg de la *Costa d'Oneglia ;*

    3° la ville de *Port-Maurice ;*

    4° la ville d'*Oneglia.*

Voici quelques renseignements topographiques sur chacune de ces localités.

1° Les villages de *Sant'-Agata* et de *Borgo Sant'-Agata*, composent une même commune de 300 habitants environ disséminés sur 378 hectares de terrain.

Anciennement le territoire de cette commune italienne dépendait de la famille des comtes Amoretti.

Ces villages sont bâtis tous les deux sur la rive droite du torrent ; mais, tandis que le dernier est situé à mi-côte sur le flanc cultivé et boisé de la montagne qui regarde le vallon de l'Impero, l'autre est perché, au contraire, derrière le sommet de la même montagne à une altitude de près de 400 mètres au-dessus de laquelle il n'y a plus que des terres incultes.

Au point culminant se trouve placé le *corpo-santo*, c'est-à-dire le cimetière de la commune.

Ces villages sont éloignés de 8 kilomètres environ de Port-Maurice, chef-lieu de leur canton.

Pour atteindre Sant'-Agata, il faut, à partir du pied de la montagne, gravir des routes sinueuses et raboteuses qui ne sont que des chemins à peine tracés, d'un accès pénible et difficile.

Sant'-Agata
et Borgo Sant'-Agata

2° Presqu'en face de la montagne de Sant'-Agata, mais sur la rive gauche de l'Impero et à 4 kilomètres environ au Nord de la ville d'Oneglia on rencontre le bourg de la Costa d'Oneglia, bâti sur la pente d'une gracieuse et riante colline à 240 mètres environ d'altitude au-dessus du niveau de la mer.

En partant d'Oneglia on peut arriver à ce bourg par plusieurs voies de communication qui, quoique formées par des gradins allongés et en partie pavées, ne laissent pas que d'être pourtant pénibles et périlleuses, tant que le pied n'est pas habitué aux aspérités des chemins de ces montagnes.

La grande route nationale du Piémont passe à l'Ouest de cette commune.

La population de la Costa d'Oneglia est de 600 habitants environ disséminés sur 432 hectares.

Ce territoire est arrosé par l'Impero à l'Ouest et par deux petits affluents de ce torrent savoir : le *Sgorreo* qui sépare la commune au Nord de celle de Pontedassio, et le *Benengei* qui s'unit au torrent d'*Oliveto*.

Enfin, à l'extrémité de la vallée charmante et pittoresque de l'Impero; sur les bords enchanteurs de la mer Méditerranée; dans un endroit où la beauté des campagnes est en harmonie avec la sérénité du ciel et la douceur de la température; sur cette route de la Corniche dont aucune parole ne pourrait dépeindre la ravissante beauté, s'élèvent les villes de Port-Maurice et d'Oneglia qui étalent leurs splendeurs l'une à droite et l'autre à gauche du torrent.

3º Port-Maurice est le chef-lieu d'une province impor-Port-Maurice.
tante de l'Italie limitée au Nord par la province de
Cuneo ; à l'Est par la province de Gênes à l'ouest par
la frontière française et au sud par la mer Méditerranée.

Cette ville possède un port très-fréquenté appelé
Port de la Marine et une rade que l'on désigne sous
le nom de *la Foce* dans laquelle viennent de très-loin
s'embosser les bâtiments marchands.

Depuis le 25 juin 1865, Port-Maurice est le centre
d'une division maritime du royaume d'Italie. Il existe
dans cette ville un institut royal pour la marine, un
consulat de France ainsi que des vice-consulats pour
les Pays-Bas, le Portugal et l'Espagne.

La population est de plus de 8,000 habitants. La
superficie de la commune est de 728 hectares.

Enfin la ville est située entre 43° 51′ 30″ de latitude
boréale et 3° 38′ 15″ de longitude orientale comptée sur
le méridien de Paris.

4º La ville d'Oneglia, patrie de l'amiral André Doria,Oneglia.
est une ancienne place forte dont les portes et les murs
ont été démantelés en 1623.

Après avoir appartenu successivement aux papes, aux
Doria, aux ducs de Savoie, aux espagnols et aux français, cette ville retourna définitivement en 1814 à la
maison de Savoie.

Aujourd'hui elle fait partie de la province italienne
de Port-Maurice.

Sa population est de 7 à 8,000 habitants, son commerce est très-étendu et ses huiles sont très-recherchées.

Oneglia est situé sur le bord occidental du cap de Berta par 43° 58′ 14″ de latitude boréale et 5° 2′ 50″ de longitude orientale comptée sur le méridien de Paris, lequel diffère comme on le sait de 20° du méridien de l'Ile de fer.

CHAPITRE II

GÉOLOGIE ET MINÉRALOGIE

**Formation secondaire. — Formation nummulitique. —
Formation tertiaire.**

§ 1.

FORMATION SECONDAIRE.

Étage Néocomien.

La frontière qui sépare la France de l'Italie du côté
de la Méditerranée, est située entre Menton et Vintimille. Cette ligne de démarcation coïncide également
d'une manière presque absolue avec le changement
géologique des terrains qu'elle délimite géographique-
ment.

En partant de Nice et jusqu'à la frontière, l'étage

<table>
<tr><td></td><td>géologique NÉOCOMIEN est, en effet, nettement accusé par des argiles ou des sables ferrugineux alternant avec des bancs épais de calcaires d'un blanc jaunâtre,</td></tr>
<tr><td></td><td>riches en débris organiques et surtout en *spatangues, plicatules, bélemnites* et *exogyres*. Cette formation se rencontre encore un peu au-delà de la frontière : voilà pourquoi nous la mentionnons.</td></tr>
</table>

§ 2.

FORMATION NUMMULITIQUE.

<table>
<tr><td></td><td>Dès que l'on a atteint Vintimille, on ne rencontre plus que des grès marneux micacés de couleur brune appelés, en Italie, *macignos* ou des schistes argilo-calcaires gris, alternant avec des marnes et des calcaires compactes azurés ayant dans leur ensemble une direction N. O. — S. E.</td></tr>
<tr><td></td><td>Cette dernière zône s'étend très-visiblement sur toutes les hauteurs des derniers chaînons subapennins compris dans un même triangle ayant pour base toute la côte Méditerranéenne de Vintimille à Albenga, et pour sommet opposé à cette base la crête des Apennins ligures aux environs du col de Tende.</td></tr>
<tr><td></td><td>Cette nouvelle région diffère en outre de la précédente qu'elle recouvre complétement, par la rareté des débris organiques fossiles.</td></tr>
</table>

On ne découvre presque plus, en effet, de l'autre côté de la frontière italienne, dans les limites que nous venons d'indiquer, que des *nummulites* et surtout des variétés bien définies de *fucoïdes*.

Toutes ces différences doivent amener forcément à conclure que si la formation SECONDAIRE est représentée par la base du terrain *crétacé*, c'est-à-dire par l'étage *Néocomien* dans le département français des Alpes-Maritimes, du côté de la frontière italienne, cet étage a complétement disparu et se trouve remplacé par une formation géologique d'un âge plus récent.

En France, la plupart des géologues placent l'ensemble des terrains présentant les caractères stratigraphiques que nous avons signalés en dernier lieu et caractérisés par la présence des *fucoïdes* et des *nummulites*, à la partie supérieure de la formation CRÉTACÉE, par conséquent dans la période *secondaire*, tandis que d'autres savants pensent qu'ils appartiennent sûrement à l'époque TERTIAIRE.

En face de cette divergence d'opinions et pour dissiper les doutes qui existent au sujet de la classification des calcaires à fucoïdes et à nummulites, on est presque généralement d'accord aujourd'hui pour considérer cette formation comme composant un système intermédiaire entre les *terrains de sédiment supérieurs* et les *terrains de sédiment moyens*.

Ce système a reçu la dénomination d'Étage NUMMULITIQUE par le géologue Lorenzo Pareto et par le professeur Angelo Sismonde qui l'ont particulièrement étudié en Italie.

Il correspond à l'*Epicrétacé* de Leymerie ou encore au *Tritonien inférieur* de d'Homalius d'Halloy.

Le savant professeur Léopold Pilla le désigne sous le nom de *étage du terreno Etrurio* parce qu'il est largement représenté aux environs de Florence dans l'ancienne province romaine de l'*Étrurie*.

Action métamorphique exercée sur les couches nummulitiques. Les terrains nummulitiques se reconnaissent facilement sur toute la côte méditerranéenne de la Ligurie maritime, néanmoins, plus on s'éloigne de la frontière et plus on remarque que les fucus et les nummulites fossiles caractéristiques de cet étage deviennent rares ; à Oneglia on ne les retrouve plus qu'enclavés au sein de masses qui paraissent avoir éprouvé certaines modifications métamorphiques postérieurement à leur formation sédimentaire.

Il se pourrait, et nous sommes porté à croire, que les grandes coulées serpentineuses que l'on rencontre non loin de Savone à *Pegli* et à *Voltri* à l'Ouest de Gênes, aient pu exercer une action puissante sur les roches liguriennes dont nous venons de parler et que cet action ait eu pour résultat de développer l'état schisteux qu'affectent les calcaires fortement argileux, tout en produisant également la compacité remarquable de certains calcaires plus purs.

§ 3.

FORMATION TERTIAIRE.

Nous avons dit que dans la zône triangulaire comprise entre Vintimille, Albenga et les environs du col de Tende, le terrain nummulitique était largement représenté ; il domine, c'est vrai, mais il n'est pas le seul à apparaître avec tous ses signes distinctifs.

Si l'on parcourt, en effet, la route de la corniche, cette merveille de l'Italie qui borde la mer en contournant les nombreux accidents pittoresques de son rivage, on peut remarquer aisément qu'à l'embouchure de presque tous les cours d'eau importants, fleuves ou torrents, il existe des lambeaux de terrains tertiaires nettement définis dont les couches reposent transgressivement sur les grès et les calcaires nummulitiques.

Nous signalons en passant la présence de ces dépôts tertiaires à Vintimille, à San Remo, à Taggia, à Diano et à Albenga, et nous allons donner seulement quelques détails sur la formation de celui qui se trouve situé entre Port-Maurice et Oneglia.

Aux bouches de la vallée de l'Impero sur les deux rives du torrent séparant les deux communes de Port-Maurice et d'Oneglia, il existe aussi un dépôt tertiaire ÉOCÈNE de peu d'étendue, il est vrai, mais fort bien caractérisé et parfaitement distinct du terrain nummu-litique sur lequel il repose en stratification discordante.

<table><tr><td>

Caractères
stratigraphiques.
Fossiles
caractéristiques.

</td><td>

La culture des oliviers est trop soignée à l'extrémité de la vallée de l'Impero, surtout dans le voisinage des deux villes, pour qu'il soit possible de reconnaître parfaitement la stratification sur le flanc verdoyant des collines.

Si l'on suit les chemins sinueux qui contournent les montagnes que nous venons de nommer, et si l'on examine en détail les carrières ouvertes d'où les gens du pays extraient leurs matériaux de construction, on peut découvrir alors que les dépôts tertiaires éocènes sont formés par des bancs d'argile alternant avec des bancs de marnes bleues et de sables jaunes.

Au milieu de ces sables et de ces marnes sont intercalés des calcaires grossiers, quelquefois azurés, mais le plus souvent jaunâtres, dans lesquels nous avons pu découvrir des *Pecten*, surtout dans le quartier de Cascine, ainsi que des *Échinus* et des *Polypiers* mal définis.

</td></tr></table>

<table><tr><td>

Différence des caractères minéralogiques des calcaires nummulitiques et des calcaires tertiaires.

</td><td>

Les calcaires de cette dernière formation ne ressemblent en rien aux calcaires lithographiques que l'on trouve plus loin dans les montagnes qui encaissent le lit du torrent : ils n'ont ni la dureté, ni la texture, ni la compacité, ni la régularité du calcaire lithographique ; ils ne sont que très-rarement injectés de veines spathiques.

</td></tr></table>

Ce lambeau de terrain tertiaire fort probablement *éocène*, s'étale, à la droite du torrent, sur les pentes boisées des monts *Bandelin* et *Terre-Bianche* et remonte ensuite du côté de la rive gauche sur la colline de Cascine qui domine la ville d'Oneglia au Nord. Direction du dépôt tertiaire des bouches de l'Impero.

Dans une exploration que nous avons faite du côté de Port-Maurice, sur les collines qui s'abaissent à la mer jusqu'à la *Punte delle forche Vecchie*, nous avons découvert des morceaux de sélénite ou gypse en fer de lance, de la pyrite de fer, et nous avons constaté également la présence de certains fragments de lignite disséminés irrégulièrement au milieu des dépôts marins que nous venons de signaler. Minéraux et fossiles que nous avons découverts dans ce dépôt tertiaire.

Nous avons pu rapporter, de plus, d'une excursion sur la colline de Cascine, sur la rive de l'Impero et du côté d'Oneglia, par conséquent, des échantillons de siderose ou carbonate de fer, de limonite ou oxyde de fer en rognons, et enfin, comme fossiles, des Pecten ainsi que quelques échinus et quelques polypiers mal définis.

Tous ces indices sont suffisants pour indiquer d'une manière précise que sur les grès à fucoïdes de l'étage nummulitique constituant la plus grande partie des montagnes des environs d'Oneglia, il existe aussi à l'embouchure du torrent l'Impero, une petite formation plus récente et franchement tertiaire qui s'étale sur ces grès et repose, du reste, sur eux transgressivement. Stratification discordante des dépôts tertiaires et des couches nummulitiques.

CHAPITRE III

ÉTUDE DES GISEMENTS DANS LEUR ENSEMBLE

**Position géologique précise dans l'étage nummulitique.
— Situation au point de vue des voies de transport.
— Étendue. — Constitution et caractères généraux.**

§ 1.

POSITION GÉOLOGIQUE PRÉCISE DES GISEMENTS DANS L'ÉTAGE
NUMMULITIQUE.

Il ressort du chapitre précédent que les montagnes
des environs d'Oneglia, dans lesquelles sont renfermés
les gisements de calcaires lithographiques que nous
avons à étudier, appartiennent géologiquement à la
formation nummulitique et que cette formation est
recouverte accidentellement à l'embouchure du torrent
de l'Impero, sur une zône de peu d'étendue, par des
dépôts tertiaires plus récents.

Nous allons préciser maintenant la position qu'occupent dans la formation nummulitique les gisements de ces calcaires lithographiques.

Divisions de l'étage nummulitique. Le terrain nummulitique de la Ligurie maritime peut se décomposer en trois sous-étages ou groupes distincts superposés et comprenant les assises suivantes.

1° *A la base de la formation :* des couches calcaires ordinairement très-noires, assez souvent un peu schisteuses, parfois même sub-cristallines où se rencontrent les nummulites.

2° *Au milieu de la formation :* des grès bruns marno-quartzeux de différentes structures, appelés en Italie « Macignos ». Ces grès sont composés de quartz, de mica argentin, d'argiles et d'oxydes de fer, réunis par un ciment calcaire.

3° *A la partie supérieure de la formation :* des calcaires marno-argileux plus ou moins schisteux, quelquefois terreux, gris ou noirâtres, avec empreintes de fucoïdes, alternant avec des bancs de marne et des lits peu épais de psammites ou macignos, au milieu desquels sont intercalés des calcaires argileux compactes, le plus souvent de couleur gris cendré, mais quelquefois aussi brun-noisette ou blanchâtre.

Ce sont ces dernières couches enclavées dans la partie supérieure de l'étage nummulitique, qui constituent les gisements de calcaires lithographiques.

Stratigraphie de cet étage. Ces trois groupes nummulitiques reposent en stratification concordante partout où on les rencontre réunis, mais le plus souvent l'un de ces groupes a disparu ou n'a jamais existé.

Cette particularité peut aisément s'expliquer en admettant que la force mécanique qui a opéré le plissement des collines subapennines, a eu pour effet de produire le déplacement de la mer calme au sein de laquelle les couches de la formation nummulitique se sont déposées.

Les migrations de cette ancienne mer étant ainsi expliquées, on n'éprouve plus aucune difficulté à concevoir que partout où ces migrations se sont produites, les eaux s'étant retirées, on doit forcément constater l'absence de certaines assises de la période nummulitique.

Aussi, en parcourant la côte méditerranéenne de la Ligurie, de Vintimille à Albenga, on remarque en effet que près de la frontière il n'existe que les couches inférieures de la formation, c'est-à-dire les calcaires contenant de nombreuses variétés de nummulites; que plus loin, entre la Bordighera et San-Remo, le calcaire à nummulites est recouvert par les Macignos du groupe intermédiaire de la formation; et que peu après San-Remo les grès Macignos sont recouverts eux-mêmes par les grès à fucoïdes, c'est-à-dire par le groupe supérieur de la formation nummulitique.

Le groupe des grès à fucoïdes constitue le sol montagneux de Port-Maurice, d'Oneglia, de Sant'-Agata, de Castelvecchio, de la Costa d'Oneglia et de tout le cap de Berta en général.

Les calcaires compactes commencent à apparaître et à s'intercaler dans les grès à fucoïdes, entre San-Remo et San-Stefano-al-Mare, mais là les bancs sont fortement contournés, relevés et presque verticaux et injectés de veines spathiques nombreuses, de plus, la couleur des calcaires compactes est tellement foncée, que les pierres lithographiques qui en proviennent sont peu appréciées.

§ 2.

SITUATION DES GISEMENTS AU POINT DE VUE DES VOIES DE TRANSPORT.

La situation naturelle des gisements de la vallée de l'Impero, au point de vue des voies de transport, est véritablement exceptionnelle.

Voie ferrée. La Compagnie des chemins de fer de la Haute-Italie F. A. I. (*Ferrovie dell'alta Italia*) possède deux stations importantes l'une à Port-Maurice et l'autre à Oneglia,

Tous les gisements que nous avons étudiés sont précisément situés entre ces deux stations du chemin de fer qui ne sont séparées que par une distance de 3 kilomètres et qui possèdent chacune une gare de voyageurs ainsi qu'une gare de petite vitesse.

Route de la Corniche. La belle et grande route de la Corniche créée sous le premier Empire et qui s'étend de Marseille à Gênes en suivant constamment le littoral méditerranéen traverse les deux villes de Port-Maurice et d'Oneglia et coupe la couche du monte Bandelin près du pont suspendu jeté sur les rives de l'Impero près de son embouchure.

Sur la rive droite du torrent il existe une route carrossable parfaitement entretenue, qui relie la route de la Corniche à Castelvecchio et qui passe au-dessous des affleurements reconnus de Sant' Agata.

Route de la rive droite de l'Impero.

Sur la rive gauche du torrent la grande route nationale qui conduit au Piémont contourne les montagnes qui renferment les gisements de la Costa d'Oneglia. En se reportant à la carte topographique que nous avons annexée à ce travail, on verra que cette belle voie de communication passe tout à côté des couches de la propriété Calvi indiquées près du lieu dit Cadolaio.

Grande route du Piémont.

Enfin la mer est à proximité des carrières à quelques kilomètres seulement des gisements les plus éloignés.

Mer Méditerranée et ports.

L'embarquement des produits destinés à l'exportation pourra se faire à volonté dans le port d'Oneglia ou dans celui de Port-Maurice.

L'importance de ces deux rports si approchés peut s'apprécier par les chiffres officiels suivants, que nous extrayons des archives de la division maritime dont le centre est à Port-Maurice.

La statistique de l'année 1867 accuse dans le port d'Oneglia un mouvement de 1,460 bâtiments divers montés par 4,806 passagers et dont le tonnage a été de 78,524 tonneaux.

Dans la même année, le port de Port-Maurice a reçu dans ses eaux

1,643 bâtiments divers d'un tonnage de 110,428 tonneaux et montés par 5,266 passagers :

Le mouvement total de la division maritime italienne

dont Port-Maurice est le centre a été enfin, d'après la même statistique :

Bâtiments divers	7.025
Tonnage	326.580
Passagers	15.281

Comme on le voit par les lignes précédentes, diverses routes carrossables, le chemin de fer et la mer sont à proximité des gisements de la vallée de l'Impero; il est donc bien vrai de dire qu'au point de vue des voies de transport, ces gisements minéraux se trouvent dans des conditions exceptionnellement favorables pour une exploitation avantageuse.

§ 3.

ÉTENDUE DES GISEMENTS.

Les couches de calcaires lithographiques actuellement découvertes sont nettement définies par leurs affleurements que l'on peut suivre sur de grandes longueurs et reconnaître partout où la culture de l'olivier ou de la vigne n'a pas masqué la stratification des assises constituant le sol montagneux de la contrée.

La longueur de tous les affleurements réunis atteint plusieurs kilomètres; ils s'étalent sur plusieurs communes et s'enfoncent sous plusieurs centaines d'hectares de surface.

Il n'existe pas une seule couche lithographique dont la puissance n'atteigne pas au moins 1 mètre.

Les divers travaux de recherches qui ont été exécutés jusqu'à ce jour dans la vallée de l'Impero ne sont pas suffisants pour préciser l'étendue des couches en profondeur, mais nous nous empressons d'ajouter qu'il n'existe aucune considération pouvant faire supposer que les couches disparaissent au-dessous de leurs affleurements.

Nous pensons qu'à part quelques accidents géologiques de peu d'importance, les couches suivent assez régulièrement la stratification générale des différentes assises de la montagne; certaines failles en particulier dérangent bien quelquefois la continuité de l'allure des gisements, mais nous avons remarqué qu'on les retrouve encore dans leur même position relative sur la partie rejetée par les failles.

S'il n'est pas possible de préciser par des chiffres exacts le cube des roches utilisables, il est donc permis en tenant compte de la longueur des affleurements, de la puissance des couches et de la surface sur laquelle elles s'étendent, d'évaluer à plusieurs centaines de mille mètres cubes le volume que toutes les couches réunies occupent dans le sein des montagnes, tant à Sant' Agata qu'à la Costa d'Oneglia, au Monte Bandelin et aux environs d'Oneglia en général.

Un peu plus tard, quand les travers-bancs que nous conseillons de percer auront été exécutés, il sera possible de fixer pour chaque couche en particulier le cube exact de calcaire compacte qu'elle pourra donner.

Pour le moment nous devons nous en tenir aux limites que nous avons fixées et qui sont bien suffisantes et au-delà pour assurer l'avenir de l'exploitation industrielle des gisements étudiés.

§ 4.

CONSTITUTION ET CARACTÈRES GÉNÉRAUX DES GISEMENTS.

Régularité des gisements.

Aux environs d'Oneglia, c'est-à-dire à la partie occidentale du cap de Berta où le calcaire à fucoïdes atteint son développement maximum, les calcaires compactes lithographiques se présentent avec une régularité tellement remarquable qu'elle mérite de fixer l'attention.

Cette régularité n'est pourtant pas absolue et disparaît bien vite sur le versant oriental du cap, au point que lorsqu'on arrive à Diano-Marina et à Diano-Castello, où ces calcaires compactes ont été pourtant exploités déjà avec un certain avantage, on ne retrouve plus que des bancs irrégulièrement contournés, assez foncés et fortement injectés de petits filons de carbonate de chaux à lamelles brillantes. Ces filons courant en tous sens dans la masse des calcaires compactes, dont la direction est à chaque instant interrompue ou modifiée par des failles, constituent l'obstacle le plus sérieux à la production des pierres lithographiques de grands formats dans l'exploitation de ces dernières localités.

Sans vouloir affirmer que ces veines ou filons spathiques, évidemment nuisibles, n'existent pas dans les calcaires lithographiques d'Ongelia, de la Costa d'Oneglia et de Sant' Agata, nous pouvons cependant déclarer que, dans ces trois localités, ces injections de spath calcaire lamellaire, qui se réduisent le plus souvent à de simples veinules, sont certainement moins abondantes et moins volumineuses que dans les diverses carrières de Diano-Marina, de San-Stefano-al-Mare, de Dolce-Aqua et de Fontana-Rossa.

Les gisements de calcaires lithographiques des environs d'Oneglia se rencontrent sous forme de couches régulières dont l'épaisseur ou la puissance (la plus courte distance du toit au mur) est variable entre 1 mètre et 2 mètres.

Puissance des couches de calcaires lithographiques.

Ces couches sont divisées en un petit nombre de bancs ou de lits d'épaisseur variable et superposés de telle sorte qu'entre leurs plans de séparation, il n'existe aucun lit ou feuillet de nature différente.

Constitution des couches. — Structure. — Compacité.

Les bancs de chaque couche, le plus souvent au nombre de 3 ou de 5, sont constitués par un calcaire argileux dont la structure est tellement homogène et compacte que l'œil ne peut discerner le moindre indice de stratification dans la masse de chaque banc.

Les couleurs dominantes des calcaires lithographiques d'Oneglia, de la Costa d'Oneglia et de Sant' Agata sont :

Couleur des alcaires lithographiques.

Le gris clair ;

Le bleu pâle ;

La teinte noisette ;

Le blanc jaunâtre.

Ce n'est qu'accidentellement qu'on rencontre la teinte rosée.

Cassure. Ces calcaires ont une cassure très-franchement conchoïdale.

Sonorité. Ils résonnent avec sonorité sous le choc modéré du marteau, tandis que le choc violent détermine le plus souvent des surfaces plissées, rubannées à arêtes vives, à grain uniforme et serré.

Tous ces caractères sont des indices révélateurs d'une roche dure, résistante, à pâte fine et homogène.

Caractères généraux. La direction et l'inclinaison des diverses couches de calcaires lithographiques n'est pas la même sur tous les contre-forts qui aboutissent à l'embouchure de l'Impero, mais ces différences, quoique assez sensibles d'un contre-fort à l'autre, ne varient guère sur chacun d'eux.

Dans une étude des gisements en particulier, nous préciserons l'orientation, l'angle d'inclinaison et le sens du pendage de chaque couche ; nous nous contenterons ici de fixer seulement quelques limites.

En général, la direction (*c'est-à-dire l'orientation de l'horizontale tracée sur le toit ou sur le mur de ces couches*), varie entre les lignes (N.S.) et (E.S.E—O.N.O.).

Direction des couches

Le pendage, toujours perpendiculaire à la direction, reste constamment dans le premier quart de cercle en oscillant entre les lignes (E.O.) et (N.N.E.).

Sens du pendage.

L'inclinaison (*c'est-à-dire l'angle que fait avec le plan horizontal la ligne de plus grande pente tracée sur le toit ou sur le mur des couches*), ne peut pas se préciser par une moyenne.

Inclinaison.

Cet angle n'est que de 18° à 28° à la Costa d'Oneglia, tandis que sur le Monte Bandelin près d'Oneglia, il atteint jusqu'à 75°.

Cette grande différence d'amplitude dans la pente des divers gisements n'a rien qui puisse inquiéter ; elle nécessitera seulement l'adoption d'une méthode d'exploitation différente pour chaque groupe de couches.

Une méthode d'exploitation unique, régulière et bien définie, s'approprie toujours mal à un système de couches d'une inclinaison très-variable ou d'une allure changeante.

Nous constatons avec satisfaction que l'inclinaison étant, en général, ici très-faible ou très-prononcée, on se trouvera dans des conditions excellentes pour bénéficier de tous les avantages, soit du mode d'exploitation par piliers et galeries avec dépilage en gradins couchés lorsque les couches seront peu inclinées, soit du système usité pour l'exploitation des filons métalliques de faible puissance quand les gisements seront fortement redressés.

Allure topographique des couches. Affleurements.

Nous ne pouvons pas passer sous silence la disposition favorable des couches dans les montagnes.

Nous avons déjà dit que les communes de Sant' Agata et de la Costa d'Oneglia, s'étalaient à droite et à gauche sur les flancs des contre-forts qui encaissent l'Impero près de son embouchure ; en ajoutant maintenant que la direction de la vallée du torrent est sensiblement (N.N.O.)-(S.S.E.) et en rapprochant cette dernière direction de celle que nous avons indiquée précédemment pour les couches dans leur ensemble, on reconnaîtra sans peine que l'orientation des calcaires lithographiques est presque la même que celle du lit du torrent et on en déduira que les intersections des couches avec les flancs des montagnes encaissantes ne peuvent être que des lignes ayant sensiblement aussi la même direction.

Or, comme ces intersections ne sont pas autre chose que les affleurements et comme le pendage de toutes les couches s'effectue dans le premier quart de cercle, c'est-à-dire entre le Nord et l'Est, il en résulte forcément :

1° Que sur la rive droite de l'Impero, les assises des calcaires compactes sont couchées ou rampent sous le territoire de Sant' Agata et émergent du sein de la montagne, après avoir suivi la pente qui plonge dans la vallée.

2° Tandis que, sur la rive droite, au contraire, les couches à partir de leurs affleurements s'enfoncent et plongent dans la montagne qui constitue le territoire de la Costa d'Oneglia.

Cette heureuse disposition permet non-seulement de suivre tous les affleurements sur le flanc ouest du contre-fort de la rive droite du torrent et sur tout le flanc Est du contre-fort de la rive gauche, mais de plus elle autorise à supposer que toutes les couches de Sant' Agata qui plongent sous le lit de l'Impero peuvent très-bien se poursuivre encore au-dessous des bancs dont les affleurements sont visibles du côté de la Costa d'Oneglia.

Nous insistons sur cette dernière considération, d'abord parce qu'elle est de nature à prouver l'abondance du calcaire lithographique dans les environs d'Oneglia, et ensuite parce qu'elle peut avoir une influence très-grande sur le choix de la méthode que l'on devra adopter pour l'exploitation de ces gisements.

Ainsi que nous le ferons ressortir dans un chapitre ultérieur, le travail par galeries souterraines devra être adopté de préférence au mode d'exploitation à ciel ouvert.

Presque toujours les calcaires lithographiques à grain fin reposent sur des masses schisteuses argilo-calcaires d'un noir bleuâtre foncé, et sont surmontés, au contraire, par des psammites ou grès calcaires siliceux contenant des paillettes de mica argentin et ayant une couleur brune caractéristique.

Les roches du toit et du mur ont, comme on le sait déjà, des différences sensibles de couleur, de composition et de structure qui ne permettent pas de les confondre entre elles.

Au-dessus et au-dessous des roches encaissantes, on rencontre d'autres calcaires siliceux, gris ou noirâtres, beaucoup moins compactes que les premiers et à structure plus grenue, au sein desquels nous avons remarqué, en certains endroits, une grande abondance de fucoïdes. Ces espèces d'algues marines dont les empreintes, sans être bien distinctes, sont assez fréquentes, ont pu nous servir conjointement avec la nature des roches voisines à déterminer d'une manière précise la position géologique des couches sédimentaires dans lesquelles sont intercalés les calcaires lithographiques des environs d'Oneglia.

Action métamorphique. La compacité remarquable de ces calcaires lithographiques est due à une action métamorphique postérieure à leur formation sédimentaire.

Comme nous l'avons dit plus haut, il est fort probable que les coulées serpentineuses de Pegli et de Voltri que l'on rencontre au *ponente* de Gênes, ont opéré à distance une modification dans la structure de ces calcaires.

Les épanchements de roches éruptives plutoniques (euphotides, diorites, trapps, etc.), assez fréquents sur les Alpes et sur les Apennins, ont bien pu produire aussi les phénomènes métamorphiques que nous signalons.

Les éruptions volcaniques, abondantes en Italie, ont bien pu contribuer, également à distance, au développement de ces phénomènes.

Tous les géologues sont, du reste, d'accord aujourd'hui pour attribuer à des causes semblables la formation des calcaires saccharoïdes qui, sur le versant occidental de l'Apennin septentrional, constituent les belles carrières de marbre statuaire de Carrare et de Massa.

Ceci admis, on n'éprouve plus aucune difficulté pour expliquer pourquoi tout indice de stratification a disparu dans les calcaires lithographiques; pourquoi on ne rencontre plus dans leur masse aucune trace de fossiles et comment enfin ils ont pu s'injecter plus ou moins de veinules spathiques.

Georges Watt a fondu diverses roches dans son laboratoire en les portant à des températures différentes, puis il a facilité le refroidissement de ces roches et il est arrivé à constater qu'à chaque opération ou à chaque fusion nouvelle suivie de refroidissement, il se produisait un nouvel arrangement moléculaire qui modifiait la structure primitive de ces roches. Ces belles expériences ont été souvent répétées de nos jours et ont toujours confirmé les théories du célèbre Georges Watt.

Si la science et le génie de l'homme peuvent obtenir de pareils résultats, il est évident qu'on ne peut refuser d'admettre que la Nature possède les moyens de

transformer des strates fossilifères en couches plus ou
moins compactes ou plus ou moins cristallines, et de
déterminer au sein de ces assises sédimentaires un
nouveau caractère minéral.

Disparition des fossiles. Les fossiles ont donc disparu du calcaire lithographique par suite de leur fusion dans la masse au
moment où s'exerçait l'action métamorphique; la disparition des strates ou la compacité remarquable qui
rend ces calcaires si précieux a été également la
conséquence forcée du refroidissement ultérieur de ces
bancs.

Structure plus ou moins schisteuse des roches encaissantes. Pour expliquer maintenant la disposition schisteuse
très-variable conservée par les marnes argileuses qui
encaissent les calcaires lithographiques, il suffira de
remarquer que, dans la composition chimique, ces dépôts,
les éléments infusibles du sable et de l'argile dominent
l'élément calcaire ; par suite, ce dernier élément
s'étant trouvé en quantité insuffisante pour pouvoir
cimenter par sa fusion les matières arénacées et argileuses, il en est résulté forcément que le refroidissement
a dû déterminer et provoquer même une structure schisteuse plus ou moins prononcée, suivant la composition
des lits.

Sous l'influence de la même action métamorphique,
les grès calcaires siliceux et les calcaires à fucoïdes
plus riches en carbonate de chaux que les marnes
schisteuses précédentes, mais plus chargés d'argile que
les bancs lithographiques, n'ont pas pu atteindre le

degré de compacité de ces derniers ni la structure feuilletée des schistes marneux.

On remarque, toutefois, dans leur cassure, tantôt des lignes parallèles et serrées de teintes différentes, tantôt une espèce d'orientation des éléments, derniers vestiges d'une stratification antérieure.

Le refroidissement qui a développé la structure schisteuse variable des lits marneux tout en produisant l'orientation plus ou moins prononcée des éléments des bancs gréseux, a dû inévitablement exercer son action d'une manière différente sur les calcaires compactes.

Explication de la présence des veines et veinules dans la masse minérale.

Le refroidissement brusque d'une masse minérale homogène passant brusquement de l'état semi-fluide à l'état solide, ou simplement baissant de température, amène toujours forcément un retrait, lequel ne peut se révéler que par des cavités ou crevasses étroites, des fentes ou des fissures dirigées en tous sens.

Ce phénomène physique s'est produit d'une manière très-marquée dans les couches de calcaires lithographiques de la Ligurie, à une époque géologique qui a suivi l'action métamorphique subie par les roches de cette contrée.

Postérieurement à leur formation, les fissures ont été remplies par du calcaire spathique blanc ou par de la calcite, différant du calcaire compacte non-seulement par leur couleur, mais aussi par leur composition chimique et par leur structure.

Spath calcaire.

Ce spath calcaire n'est autre chose que du carbonate de chaux à peu près pur, dont la structure lamellaire résulte de l'accumulation d'un grand nombre de petits cristaux qui présentent leurs lames de clivage dans tous les sens et qui se distinguent par le miroitement particulier que produit chacun d'eux en réfléchissant la lumière.

Calcite.

La calcite est aussi un carbonate de chaux cristallisé en petits cristaux aigus mal conformés, formant navette ou grain d'orge aplati d'un blanc jaunâtre sale.

Remplissage des fentes et fissures produites par le refroidissement.

Ces matières cristallisées ont été déposées au sein des bancs compactes soit par des sources thermales provenant d'émanations volcaniques, soit par des sources extérieures minéralisées après un long parcours sur des masses calcaires ; elles peuvent provenir aussi d'une infiltration ou ségrégation des roches encaissantes.

Forme des concrétions spathiques.

Dans la Ligurie, partout où les couches de calcaires lithographiques sont bouleversées, rejetées par des failles nombreuses et tourmentées par des accidents géologiques importants, les concrétions spathiques affectent la forme de filons, de masses lenticulaires ou d'amas dont les ramifications ou veines courant en tous sens dans la roche compacte opposent un obstacle sérieux à son exploitation.

On comprend facilement, en effet, que la dislocation, Inconvénients de ces concrétions spathiques. en favorisant la rupture et le déchirement des roches et en déterminant des plans nombreux de séparation, a considérablement restreint et limité les dimensions que l'on peut obtenir dans l'extraction des blocs, et, de 'plus, que les infiltrations spathiques apportent une modification sensible à la constitution des pierres lithographiques provenant de ces blocs partout où ces phénomènes se sont manifestés.

Les diverses exploitations qui ont été tentées jusqu'à ce jour dans la Ligurie ont eu à lutter contre ces inconvénients sérieux, mais à Oneglia, à la Costa d'Oneglia et à Sant' Agata, les mêmes inconvénients ne peuvent pas être redoutés, parce que, sur les collines qui encaissent le torrent près de son embouchure, toutes les couches présentent une allure régulière et une continuité qui, sans être absolue, est suffisante pour permettre de suivre les affleurements du calcaire compacte et de constater que les accidents géologiques que nous avons signalés n'existent pas sur de grandes longueurs.

Si nous avons beaucoup insisté sur les conditions Conclusion ou conditions favorables des couches aux environs d'Oneglia. géologiques et minéralogiques dans lesquelles se présentent les calcaires de la Ligurie, c'est que nous avons tenu à bien faire ressortir, par des considérations raisonnées, tout l'avenir qui est réservé aux belles carrières de pierres lithographiques des environs d'Oneglia.

Les nombreuses excursions que nous avons faites

pendant deux voyages différents en Italie, ainsi que l'étude minutieuse à laquelle nous nous sommes livré sur les gisements de cette contrée, nous permettent de conclure aujourd'hui que l'exploitation des couches de calcaires compactes d'Oneglia, de la Costa d'Oneglia et de Sant' Agata, se présentent dans des conditions exceptionnellement favorables pour la production, sur une grande échelle, de pierres lithographiques de tous formats et possédant toutes les qualités requises pour être recherchées même pour les travaux lithographiques les plus délicats.

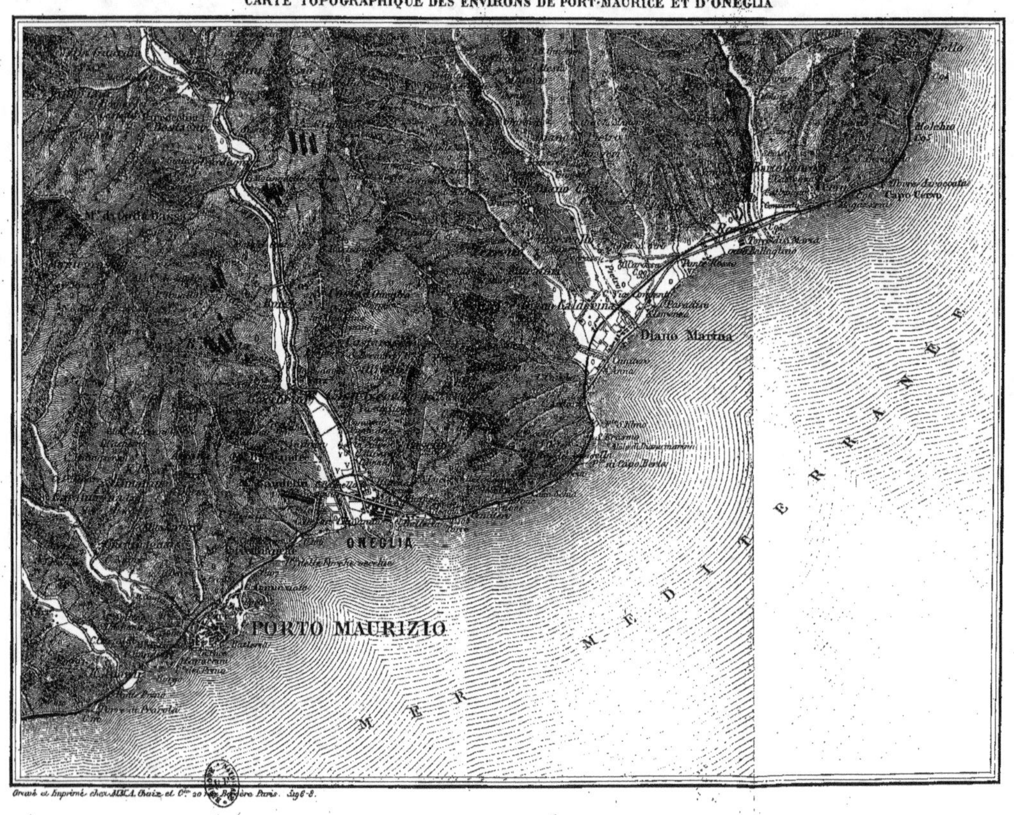
Diano Marina
ONEGLIA
PORTO MAURIZIO
MER MÉDITERRANÉE

CHAPITRE IV

ÉTUDE DES GISEMENTS EN PARTICULIER

---

§ 1.

GROUPE DE SANT'AGATA.

Appelé à donner notre appréciation technique sur la qualité, la nature et le nombre des couches de calcaire lithographique que renferment les montagnes de Sant'-Agata, nous nous sommes transporté sur les lieux à plusieurs reprises et, pendant de longues excursions, nous avons examiné minutieusement toutes les assises calcaires qui émergent sur le sol montagneux de cette commune.

Nous n'avons pas tardé à apprécier combien a été grande l'erreur de ceux qui, ayant exploré avant nous cette contrée, ont cru devoir fixer à 12 le nombre des couches utilisables qu'elle renferme.

Existence de trois niveaux distincts.

6

En nous basant sur la continuité des affleurements ainsi que sur les qualités physiques des roches, nous avons reconnu que les calcaires compactes lithographiques se rencontrent seulement à trois niveaux bien distincts.

PRÉMIER NIVÈAU.

Affleurements. La crête inculte de la montagne de Sant'-Agata, appelée *Colletto* près du village, est couronnée à une altitude de près de 400 mètres au dessus du niveau de la mer par le *Corpo-Santo* (cimetière de la commune).

Si à partir de ce point culminant on descend du côté de la riante vallée de l'Impero, on rencontre d'abord, non loin du Corpo-Santo, une première couche lithographique dont les affleurements, se dirigeant sensiblement dans la direction du clocher éloigné de la Madonna de Castelvecchio, sont nettement visibles et peuvent se suivre jusqu'au point où la culture masque complétement les flancs de la montagne.

Direction. La *direction* de ce premier gisement est de :

23° à l'Ouest ou 157° à l'Est.

Cette direction varie, par conséquent, entre les lignes.

(N. N. O. — S. S. E.) et (N. O. — S. E.)

Sens du pendage. Le *plongement* de la couche est à l'Est entre les directions :

(N. E. — S. O.) et (E. N. E. — O. S. O.)

L'*inclinaison* est assez variable, nous avons calculé l'angle au dessous du Corpo-Santo dont la couche n'est distante que d'environ 35 mètres et nous avons trouvé :

$$\alpha = 50° \text{ à } 55°$$

La *puissance* de la couche (la plus courte distance entre le toit et le mur) est variable entre 1^m,35 et 1^m,50.

Les caractères physiques de cette assise calcaire sont fort satisfaisants et permettent de la considérer comme une belle couche lithographique.

La couleur de la roche est d'un bleu pâle, nuance très-recherchée.

DEUXIÈME NIVEAU.

En descendant toujours vers la vallée de l'Impero, on rencontre à une distance d'environ 45 ou 50 mètres du premier niveau les affleurements d'une seconde couche présentant tous les caractères minéralogiques des calcaires lithographiques. Cette couche est sensiblement parallèle à la première que nous venons de décrire, lorsque l'on se trouve sur la partie de ses affleurements qui est au-dessous du Corpo-Santo ; un peu plus loin les affleurements ne tardent pas à tourner un peu vers l'est et à prendre une courbure à grand rayon dont la concavité se présente du côté du torrent.

Les affleurements peuvent se suivre et se reconnaître près de l'emplacement d'un ancien four dont il ne reste plus que quelques vestiges, mais dont on reconnaîtra facilement la trace à la couleur rougeâtre que le feu a communiquée aux terres argileuses en déterminant une demi-cuisson tout autour du foyer de cet ancien four.

Nous supposons qu'un peu plus loin, ce sont les affleurements de ce deuxième niveau que l'on rencontre encore dans une partie inculte de la montagne et dans un endroit où des fouilles à ciel ouvert ont été déjà faites pour retirer des échantillons de pierres lithographiques. Nous hésitons cependant à nous prononcer franchement en ce qui concerne cet affleurement, parce qu'il pourrait bien se rattacher à un niveau intermédiaire dont nous soupçonnons l'existence et dont nous parlerons tout à l'heure.

Ces affleurements se perdent ensuite en descendant la montagne du côté d'Oneglia et s'enfoncent sous les terrasses étagées complantées d'oliviers que la culture a établies au pied de la montagne afin d'utiliser les matières détritiques qui sont descendues de son sommet.

Direction. A ce deuxième niveau, la couche a une *direction* un peu plus variable qu'au niveau supérieur ; mais dans la partie située sous le Corpo-Santo, cette direction est encore de

23° à 25° à l'Ouest ou de 157° à 155° à l'Est.

En cet endroit, la direction varie donc encore en oscillant entre les lignes

(N. N. O. — S. S. E.) et (N. O. — S. E.)

Le *plongement* de la couche du 2e niveau est aussi à l'Est et par conséquent entre les directions :

(N. E. — S. O.) et (E. N. E. — O. S. O.)

Sens du pendage.

L'*inclinaison* assez variable a en moyenne un angle

$$\alpha = 45° \text{ à } 50°.$$

Inclinaison.

La *puissance* de la couche du 2e niveau est de $1^m,20$ à $1^m,30$.

Puissance.

On rencontre dans cette couche des bancs de couleur brun-noisette, gris-pâle et quelquefois blanchâtre.

Caractères physiques

Les affleurements sont assez fissurés et remplis de veinules spathiques assez nombreuses, mais ayant des dimensions presque linéaires.

TROISIÈME NIVEAU.

En descendant toujours sur le territoire de Sant' Agata et en se dirigeant cette fois du côté du moulin indiqué sur le plan *Moline dei Conte*, établi au pied de la montagne entre les ruisseaux appelés *Moretto* et *Villatta*, on rencontre une troisième couche lithographique dont les affleurements sont à une latitude beaucoup moins élevée que les précédentes.

Affleurements.

Les affleurements de cette couche continuent à être visibles depuis le ruisseau Moretto jusqu'à l'endroit où ils s'enfoncent sous un bois de pins.

Cette couche est située un peu plus bas que le milieu de la montagne, près de Borgo Sant'-Agata et dans un terrain appartenant au sieur *Merano*.

Puissance.

Des fouilles à ciel ouvert ont été faites sur ce troisième niveau et ont amené la découverte d'une couche ayant 1^m,50 à 1^m,60 de puissance, possédant des bancs de couleur noisette et d'autres gris-perle, desquels on a pu extraire des échantillons de pierres lithographiques fort remarquables.

Direction.

La *direction*, mesurée à 100 mètres environ du ruisseau Moretto, à l'endroit même où les fouilles ont été faites, est encore de :

$$23° \text{ à l'Ouest ou de } 157° \text{ à l'Est.}$$

Cette direction varie donc aussi comme celle des deux autres niveaux supérieurs entre les lignes

$$(N. N. O. — S. S. E.) \text{ et } (N. O. — S. E.)$$

Sens du pendage.

Le *plongement* de la couche s'effectue toujours à l'Est entre les directions

$$(N. E. — S. O.) \text{ et } (E. N. E. — O. S. O.)$$

Inclinaison.

L'*angle d'inclinaison* que fait cette couche avec l'horizontale de son plan, est :

$$\alpha = 50° \text{ à } 52°$$

NIVEAU INTERMÉDIAIRE.

Probabilité d'un 4e niveau.

Entre le 2me et le 3me niveau nous avons rencontré les affleurements d'une couche de calcaire lithographique très-tourmentée, qu'il nous a été impossible de suivre sur une grande longueur.

Cette couche est-elle la prolongation de la couche visible dans la propriété Merano? Nous ne le pensons pas, et nous croyons devoir sous toutes réserves la considérer comme établissant un niveau intermédiaire entre le 2me et le 3me que nous avons décrits.

Nous sommes porté à considérer dans cette hypothèse, que les affleurements qui se rencontrent un peu au-dessous de l'emplacement de l'ancien four, se rattachent à ce niveau intermédiaire.

Il est difficile de se prononcer en ce qui concerne cet affleurement :

1° Parce qu'il disparaît bien vite sous les terrasses étagées, ménagées pour la culture ;

2° Parce qu'il présente aux endroits où il est visible une horizontalité ou une pente faible, complétement différente de la pente des autres couches.

L'exploitation souterraine des gisements, fournira des indications précises qui lèveront, fort probablement, tous les doutes que nous émettons relativement à ce niveau intermédiaire.

Dans l'incertitude où nous nous sommes trouvé, nous n'avons pas cru devoir présenter ces affleurements comme formant un niveau bien distinct.

Toutefois, nous allons donner le résultat de nos opérations sur la partie que nous avons examinée.

La *direction* est de 30° à l'Ouest ou 150° à l'Est ; elle varie donc comme pour les autres gisements entre les lignes

Indications sur le 4° niveau probable

(N. N. O. — S. S. E.) et (N. O. — S. E.)

La couche très-tourmentée paraît avoir un *plongement* à l'Est.

L'*inclinaison* est variable entre 0° et 10°.

La *puissance* atteint 1^m,20.

Le calcaire a une couleur bleuâtre un peu foncé et présente quelques cavités remplies de calcite ou de cristaux de carbonate de chaux lamellaire.

Les affleurements de ce 4me niveau hypothétique apparaissent dans la propriété du sieur *Gianna*.

§ 2.

GROUPE DE LA COSTA D'ONEGLIA.

Situation des affleurements de la Costa d'Oneglia.

Le bourg de la Costa d'Oneglia est bâti sur la crête d'un *poggio* bien cultivé, d'une altitude de 240 mètres environ.

On appelle *poggio* dans le pays les petites montagnes peu élevées qui forment les derniers contreforts subapennins de la vallée de l'Impero en particulier, et de toute la Ligurie maritime en général.

Les couches de calcaires lithographiques qui se trouvent sur le territoire de la commune de la Costa d'Oneglia, sont distantes du bourg de 1 kilomètre ou de 1,200 mètres au plus.

Les affleurements de ces couches ont leur développement le plus considérable à l'endroit dit les *Mortelli*, propriété des familles Belgrano.

En partant du village, on arrive au Mortelli en suivant une route communale pavée et formée par des gradins allongés. A quelque distance des dernières maisons, cette route se transforme en un sentier étroit qui serpente sur le flanc des montagnes et se poursuit jusqu'aux dernières limites de la commune.

Il existe au Mortelli, 3 niveaux bien distincts d'affleurements de calcaires lithographiques correspondant chacun à une couche nettement définie et parfaitement reconnue. Existence de 3 niveaux distincts.

La propriété des sieurs Belgrano est complantée de beaux oliviers dont chaque rangée est étagée sur des terrasses retenues par des murs en pierres sèches solidement construits. Malgré cette disposition du sol des Mortelli, les calcaires compactes restent visibles sur tout le flanc de la montagne, et présentent tous leur tranche avant de s'enfoncer sous le sol montagneux.

Cette heureuse particularité est due à l'allure exceptionnelle que possèdent les couches, relativement à la disposition topographique de la montagne.

Toute autre disposition aurait eu pour résultat de masquer complétement les affleurements.

Pour éviter toute confusion, nous appellerons :

Le niveau supérieur : couche n° 1.

Le niveau intermédiaire : couche n° 2.

Et le niveau inférieur : couche n° 3.

Les calcaires lithographiques de la Costa d'Oneglia ont réellement des qualités fort remarquables. Caractères physique des couches.

La couche n° 1 est fort compacte, d'une dureté très-satisfaisante quoique un peu plus faible que les deux autres, mais elle possède une couleur d'un gris clair qui la fera rechercher. Les échantillons que nous avons rapportés de cette couche et que nous avons fait extraire sous nos yeux en indiquant nous-même l'emplacement des coups de mine, possèdent une cassure conchoïdale, qui ne laisse apercevoir aucune surface grenue, malgré la forme rubanée que présentent ces échantillons.

La couche n° 2 est d'un gris plus foncé que les deux autres et renferme des bancs d'une belle couleur jaune teinte noisette, mais les affleurements de cette couche nous ont fourni des échantillons dont la composition est un peu plus argileuse et dont la compacité est un peu moins remarquable. De plus les veinules spathiques linéaires sont plus abondantes à ce niveau qu'aux deux autres.

La couche n° 3 présente une couleur intermédiaire à celle des deux autres niveaux, mais elle possède une finesse de grain et une compacité irréprochables.

Nous allons compléter l'étude de ces couches en présentant pour chacune d'elles en particulier le relevé des opérations que nous avons faites sur le terrain.

NIVEAU SUPÉRIEUR.

COUCHE N° 1.

Direction : 10° à 12° à l'Ouest ou 168° à 170° à l'Est. Cette direction varie entre les lignes :

(S. S. E. — N. N. O.) et (N. S.)

Le *plongement* est à l'Est entre les directions :

(E. N. E.) et (E.)

L'*inclinaison* (moyenne de plusieurs opérations) est de :

$$\alpha = 18^\circ \text{ à } 22^\circ$$

La *puissance* de la couche atteint $1^m,25$ à $1^m,35$.

NIVEAU INTERMÉDIAIRE.

COUCHE N° 2.

Direction : 12° à 15° à l'Ouest ou 165° à 168° à l'Est oscillant entre les lignes :

(S. S. E. — N. N. O.) et (N. S.)

Le *plongement* est à l'Est entre les directions :

(E. N. E.) et (E.)

L'*inclinaison* fait un angle.

$$\alpha = 22^\circ \text{ à } 25^\circ$$

La *puissance* atteint $1^m,10$ à $1^m,20$.

NIVEAU INFÉRIÉUR.

COUCHE N° 3.

Direction : 30° à l'Ouest ou 150° à l'Est.
(C'est une moyenne de plusieurs opérations faites en différents points des affleurements).

Le *plongement* est entre les directions :

(E. N. E.) et (N. E.)

L'*inclinaison* assez variable est en moyenne :

$$\alpha = 25^\circ \text{ à } 28^\circ$$

La *puissance* atteint $1^m,10$ à $1^m,15$.

§ 3.

GROUPE DU MONTE BANDELIN

Situation et caractères physiques de la couche.

Le Monte Bandelin est le dernier *poggio* ou petit contrefort subapennin de la rive droite de l'Impero. Il est situé à l'extrémité du territoire de Port-Maurice, mais tout près d'Oneglia et à l'Est de cette ville.

Au Sud de cette montagne, sur le versant qui regarde la mer, nous avons constaté la présence d'une seule couche nettement définie de calcaire compacte.

L'allure de ce gisement relativement à la disposition topographique du Monte Bandelin permet de suivre ses affleurements sur toute la ligne de plus grande pente de la montagne.

La couche lithographique présente sa tranche du côté de la mer depuis la route de la Corniche jusqu'au sommet du mont.

Cette couche est encaissée par des bancs de grès calcaires, de schistes argileux ou de marnes tendres. Après le soulèvement qui a produit le redressement de toutes les assises de la montagne, tous les bancs feuilletés ont subi plus ou moins l'influence des phénomènes atmosphériques sur leur tranche ; le calcaire compacte et les grès calcaires ont pu résister à cette action désorganisatrice tandis que les schistes calcaires et les marnes en raison de leur structure ou de leur composition ont été dissociés, puis entraînés dans les parties basses de la montagne. Voilà pourquoi, à partir d'un certain niveau, le calcaire compacte émerge sur le flanc du Monte Bandelin en faisant une saillie que l'on peut suivre sur une grande longueur.

Aux abords de cette saillie naturelle, les assises rocheuses, à moitié décomposées, ont facilité la création d'un chemin dont le tracé était naturellement indiqué.

Ce chemin existe en effet sur le toit de la couche, tandis que du côté du mur il existe une dépression sensible qui, laissant à nu le calcaire compacte, nous a permis de l'étudier commodément.

Cette couche est la plus puissante et peut-être la plus précieuse de toutes celles que nous avons rencontrées dans la vallée de l'Impero.

La teinte générale du calcaire est identique à la teinte des pierres lithographiques de la Bavière.

Dans les divers bancs qui composent la couche, on rencontre non-seulement la teinte chamois ou jaune noisette, mais encore la teinte blanchâtre et le bleu pâle ou le gris clair.

La compacité des différents bancs qui composent ce gisement n'est pas la même ; elle varie pour chacun d'eux, mais pour tous elle est suffisante pour donner des résultats satisfaisants.

La dureté des différents bancs de la couche varie aussi d'un banc à l'autre : nous avons remarqué que les bancs les plus tendres sont ceux qui possèdent les teintes les plus claires.

Voici le relevé de nos opérations sur le terrain en ce qui concerne cette couche.

COUCHE DU MONTE BANDELIN

Résultats des opérations faites sur les affleurements.

Direction : 60° environ à l'Ouest ou suivant les conventions plus usuelles 130° à l'Est.

Cette direction, qui est une moyenne de plusieurs opérations bien différentes, oscille entre les lignes

$$(\text{E. S. E.} - \text{O. N. O.}) \text{ et } (\text{S. E.} - \text{N. O.})$$

Le *plongement* est dans le premier quart de cercle oscillant entre les lignes

$$(\text{N. N. E.}) \text{ et } (\text{N. E.})$$

L'inclinaison est aussi assez variable, mais nous pouvons donner comme moyenne suffisamment exacte

$$\alpha = 70° \text{ à } 75°.$$

Enfin la *puissance* est variable depuis 1ᵐ,50 jusqu'à 1ᵐ,80.

§ 4.

GISEMENTS A ÉTUDIER.

Nous ne pensons pas que les gisements dont nous avons présenté l'étude en particulier soient les seuls qui existent dans la vallée de l'Impero.

En faisant cette remarque, nous sommes loin d'avoir dans l'idée de tenter d'assimiler à des calcaires lithographiques les nombreuses couches qui jusqu'ici ont été réputées pour telles notamment à Sant'-Agata. Il est possible que ces assises calcaires plus ou moins compactes en s'éloignant de leurs affleurements acquièrent des qualités précieuses, mais rien ne justifie jusqu'à présent de pareilles espérances.

Du reste, l'erreur qni a amené les premiers explorateurs de cette partie de la Ligurie à désigner un nombre considérable de gisements de calcaires lithographiques peut être attribuée à une étude géologique imparfaite ou à des connaissances techniques insuffisantes. Nous nous sommes aperçu en effet, que les affleurements prolongés d'une même couche appartenant au même niveau géologique ont été pris dans plusieurs endroits pour des couches différentes.

Si nous pensons qu'il existe dans la vallée de l'Impero d'autres gisements que ceux que nous avons décrits, c'est uniquement parce que les travaux d'exploitatiou n'ont pas été suffisants jusqu'à aujourd'hui pour permettre d'être fixé d'une manière précise sur la richesse et le nombre des couches exploitables.

Les gisements reconnus à ce jour n'ont été découverts que par leurs affleurements, et ces affleurements n'ont pu fixer l'attention que lorsqu'ils existaient sur des parties du sol dénudées et incultes ou bien lorsque l'allure géologique de certaines couches rendait leur tranche apparente.

La culture de l'olivier par terrasses étagées a masqué, surtout dans les parties basses des montagnes, tous les indices de stratification du sol montagneux.

Il importe donc de reconnaître par des travaux de recherches, conduits avec intelligence, si dans les énormes remblais de matières détritiques accumulées au bas des montagnes il n'existe pas de nouvelles couches utilisables.

Depuis notre dernier voyage dans la Ligurie, c'est-à-dire depuis le 1er janvier de cette année 1878, il a été découvert en effet sous le groupe de la Costa d'Oneglia, près du petit cours d'eau désigné sous le nom de *Cadolaio* dans le plan ci-annexé, de nouvelles couches possédant, d'après les renseignements qui nous sont parvenus, tous les caractères minéralogiques désirables pour leur utilisation dans les travaux de la lithographie.

Nous regrettons de ne pas pouvoir donner notre appréciation sur ces nouveaux gisements, mais leur découverte nous confirme dans l'idée que nous avons émise précédemment et nous porte à croire que des travaux de recherches, des fouilles, des travers-bancs, ou une exploitation régulière permettront dans l'avenir de découvrir vers les bouches de l'Impero de nouvelles richesses minérales.

CHAPITRE V

EXPLOITATION DES CARRIÈRES

Considérations sur le travail à ciel ouvert et sur le travail en galeries souterraines.— Galeries à travers bancs. — Méthodes d'exploitation à employer. — Traçage. — Dépilage. — Recommandations pratiques en vue de l'obtention du rendement maximum des couches.

§ 1.

CONSIDÉRATIONS
SUR LE TRAVAIL A CIEL OUVERT ET SUR LE TRAVAIL EN GALERIES SOUTERRAINES.

Les avantages que l'on retirera de l'exploitation sur une grande échelle des couches lithographiques dépendront beaucoup, à notre avis, de la manière dont ces gisements seront attaqués.

Le travail à ciel ouvert est incontestablement avantageux et économique toutes les fois qu'il peut s'opérer sans un enlèvement considérable de déblais, ou lorsque des voies de communications faciles permettent de s'approcher commodément du centre de l'extraction.

Partout, au contraire, où le cube des déblais recouvrant les masses minérales utilisables est en disproportion marquée avec la puissance ou le volume des couches que l'on veut atteindre et enlever, on doit rejeter impitoyablement le travail à ciel ouvert et lui substituer le travail souterrain, qui seul présente alors des avantages réels.

Or, nous avons vu dans un chapitre précédent que les calcaires compactes, du côté de Sant' Agata, après avoir couru sous le flanc de la montagne, se relèvent et émergent ensuite sur la pente ouest de la vallée de l'Impero, tandis que, sur la rive gauche du torrent, les couches plongent en s'enfonçant dans le contre-fort montagneux sur lequel se trouve bâti le bourg de la Costa d'Oneglia.

Cette allure géologique montre clairement que de toutes parts des bancs stériles surmontent chaque système de couches sur une épaisseur considérable, et que le cube énorme de ces remblais naturels va constamment en croissant au fur et à mesure que les assises utilisables s'éloignent de leurs affleurements.

De plus, le sol des environs d'Oneglia, ainsi que celui de toute la côte ligurienne dans son ensemble, possède une constitution topographique exclusivement montagneuse et peu propice par conséquent à l'établissement de voies de communication faciles et commodes. Dans toute cette contrée, l'accès des montagnes est généralement difficile et les chemins tracés, malgré leurs contours fréquents, ont une pente raide : ils sont étroits et disposés en gradins allongés, ce qui rend complétement impossible le passage des véhicules roulants.

Pour extraire les blocs de calcaire compacte à ciel ouvert, il faudrait atteindre nécessairement les affleurements des couches, ce qui comporterait l'immobilisation de dépenses relativement élevées. L'élargissement des chemins actuels deviendrait nécessaire et la diminution des pentes augmenterait la longueur des voies de transport, puisqu'elle ne pourrait s'opérer qu'à l'aide de lacets nombreux serpentant sur le flanc des montagnes. Ces réfections exposeraient, en outre, les exploitants à payer fort cher les parcelles de terrain dont elles entraîneraient l'acquisition.

Enfin, en visitant les divers affleurements, nous avons été frappé de les retrouver presque tous sur les parties voisines du sommet des montagnes à des altitudes variant de 200 à 400 mètres et dépassant même cette cote au-dessus du niveau de la mer.

Il ne nous a pas échappé non plus que ces affleurements, quand ils se présentent à des altitudes moins élevées, apparaissent sur un sol presque stérile et dénudé, comme pour les couches inférieures de Sant' Agata, ou bien ne sont visibles que parce qu'ils bordent un chemin tracé, comme cela se voit au Monte Bandelin sur la route de la Corniche.

En remarquant que les montagnes qui encaissent l'Impero près de son embouchure ont une pente rapide, soit du côté de la vallée, soit du côté de la mer, en tenant compte de la différence d'homogénéité et de structure des diverses roches qui constituent ces massifs montagneux, on reconnaîtra sans peine que, sous l'influence des phénomènes météorologiques produits par les variations de l'atmosphère, les assises tendres ou feuilletées se sont désagrégées et que leurs éléments dissociés ont été entraînés par l'action de la pesanteur et des eaux pluviales dans les parties basses des montagnes.

L'accumulation de ces matières détritiques vers le fond de la vallée ou vers la mer a eu pour effet de masquer complétement les lignes de stratification de toutes les couches basses en général, en les recouvrant d'un énorme remblai.

La culture des oliviers, très-soignée dans cette partie de la Ligurie, est venue ensuite utiliser ces matières détritiques en les retenant par des murs en pierres sèches extraites sur place et en formant ainsi une série de terrasses étagées ou de plates-bandes étroites sur lesquelles l'olivier trouve assez de fond pour se développer avec puissance.

Ces remarques suffisent évidemment pour expliquer pourquoi les couches de calcaires compactes n'apparaissent qu'à des niveaux élevés ; elles nous amènent à conclure que fort probablement il existe au-dessous des affleurements constatés, tant à Sant' Agata qu'à la Costa d'Oneglia et au Monte Bandelin, d'autres gisements qui, d'après l'allure topographique générale des couches, restent enfouis sous l'épaisse masse de remblais naturels recouvrant ces affleurements.

De toutes ces considérations il ressort donc nettement que le travail à ciel ouvert est complétement impraticable, du moins pour la plupart des couches.

Que, de plus, le travail souterrain, qui doit être presque exclusivement adopté, aura l'immense avantage, s'il est intelligemment conduit, de faciliter aussi la recherche des couches au pied de la montagne, sans augmentation de frais, tout en exigeant, à notre avis, des dépenses bien moins considérables que l'ouverture de carrières à ciel ouvert sur chaque affleurement distinct.

Enfin, pour justifier encore le choix du mode d'exploitation que nous proposons et que nous pensons être le seul pouvant donner des avantages réels, nous ajoutons que les affleurements des couches ont été plus ou moins profondément modifiés par les agents extérieurs ou les forces naturelles désorganisatrices qui ont produit les amas détritiques.

Nous avons remarqué, du reste, d'une manière très-évidente, partout où nous avons conseillé de faire quelques reconnaissances dans les affleurements, que le calcaire compacte se rencontrait de plus en plus pur et dégagé de concrétions et veinules spathiques, au fur et à mesure que l'on pénétrait au sein de la montagne et que l'on s'éloignait, par conséquent, des affleurements.

Conclusion.

Pour toutes ces raisons, nous n'hésitons donc pas à déclarer que *les travaux d'exploitation devront se faire souterrainement.*

§ 2.

GALERIES A TRAVERS BANCS.

Le premier travail à entreprendre, dans chaque centre d'exploitation, sera une galerie à travers bancs qui devra être percée perpendiculairement à la direction des couches, c'est-à-dire se diriger sensiblement (S.O. — N.E.), puisque nous avons vu déjà que, dans leur ensemble, les couches se dirigent toutes entre les orientations (N.E.) et (E.S.E. — O.N.O.).

Travers - bancs de Sant' Agata.

Il résulte des calculs auxquels nous nous sommes livré qu'en choisissant convenablement le point d'attaque du travers-bancs qui doit recouper les gisements de Sant' Agata, cette galerie atteindra la couche correspondant aux affleurements les plus rapprochés du lit du torrent à une distance qui n'excédera pas 150 mètres.

Il conviendra de donner à ce travers-bancs une section trapézoïdale ayant 2 mètres de hauteur et une largeur moyenne de 1^m,80.

Avec ces dimensions, et en tenant compte de la nature des roches qui seront traversées, nous pensons que la première couche pourra être atteinte après quatre mois de travail environ.

Sur la rive gauche du torrent, c'est-à-dire sur le territoire de la Costa d'Oneglia, le travers-bancs qui conduira aux couches de la propriété Belgrano devra partir de la route nationale du Piémont; sa longueur sera plus considérable que la longueur du travers-bancs de Sant' Agata, puisque, du côté de la Costa, le premier affleurement des Mortelli est situé à une distance horizontale de près de 500 mètres de la route du Piémont et que de plus les couches plongent du côté opposé à l'axe du lit du torrent. Mais si la première couche de la propriété des Mortelli ne peut être atteinte qu'à la distance d'au moins 500 mètres, le travers-bancs que nous proposons rencontrera à moins de 150 mètres, les couches de la propriété Calvi au lieu appelé Cadolaio.

La couche qui affleure au Monte Bandelin a une allure topographique qui permettra d'éviter une galerie à travers bancs.

Cette couche, en effet, présente sa tranche sur le versant sud du dernier contre-fort qui regarde la mer et on peut la suivre sur toute la pente de la montagne depuis le sommet jusqu'à la route de la Corniche : on pourra donc atteindre cette couche directement en pénétrant dans sa masse par une galerie d'allongement qui partira du niveau même de la route et se dirigera sensiblement (S. E.—N. O.) dans le sens de la direction.

Aussitôt que les travers-bancs auront rencontré les assises de calcaire compacte, on pourra commencer la période d'exploitation proprement dite.

§ 3.

MÉTHODES D'EXPLOITATION A EMPLOYER.

Classification des couches en deux catégories.

Les couches ayant dans leur ensemble, comme nous l'avons vu, une inclinaison assez variable, il ne sera pas possible de les exploiter toutes par la même méthode; nous les classerons en deux catégories :

1° Celles dont l'inclinaison est comprise entre 45° et l'horizontale ;

2° Celles dont l'inclinaison est comprise entre 45° et la verticale.

Méthode par gradins couchés, méthode par gradins droits.

La méthode d'exploitation par *gradins couchés* conviendra aux couches de la première catégorie, tandis que celles de la deuxième catégorie ne pourront être exploitées avantageusement qu'en adoptant la méthode d'exploitation par *gradins droits*, usitée pour les filons et les gîtes presque verticaux quand leur puissance est au plus égale à la largeur ordinaire d'une galerie de mines.

L'emploi de ces deux méthodes, grâce à la similitude de leur disposition, permettra, du reste, aux ouvriers mineurs de passer presque insensiblement de l'une à l'autre sans que rien soit changé aux conditions ordinaires du travail, ainsi que cela se pratique dans le département du Nord toutes les fois que, dans une même mine, les allures en *droits* sont remplacées par des allures en *plateure*.

Les gradins couchés seront adoptés de préférence toutes les fois que le mineur pourra marcher sans difficultés sur le mur de la couche et lorsqu'il pourra y déposer, sans boisages ni voûtes, les remblais provenant de l'avancement.

Quand l'inclinaison du mur sera trop forte et qu'elle ne permettra ni à l'ouvrier de se tenir debout ni aux remblais de se tenir en place, même avec un léger muraillement ou un boisage résistant, alors il faudra sans hésiter exploiter en gradins droits.

Dans cette dernière méthode, l'ouvrier marchera constamment, non plus sur le mur de la couche mais dans la couche elle-même, sur les divers paliers formés par les gradins et il rejettera les déblais stériles derrière lui en les accumulant sur des planchers supportés par de solides étais : ces étais seront posés entre le toit et le mur et seront fortement assujettis dans des entailles et soigneusement calés avec des coins.

Pour les couches dont l'allure est droite ou dont la pente se rapproche de la verticale, l'enlèvement complet des massifs compris entre deux galeries d'allongement présenterait certainement beaucoup plus de facilité par l'adoption de la méthode par gradins renversés, mais il ne faut pas songer un seul instant à adopter cette méthode pour l'exploitation des calcaires lithographiques, parce que le procédé donnerait sûrement un rendement plus faible, en grands et moyens formats de pierres : ce qui serait loin d'être compensé par l'économie que l'on retirerait des avantages de la méthode par gradins renversés sur celle par gradins droits.

Quelle que soit la méthode que l'on emploiera, les travaux souterrains nécessiteront deux périodes bien distinctes dès le début et qui plus tard, lorsque les couches seront en pleine exploitation, devront marcher simultanément.

La première de ces périodes sera le *traçage* ou le travail préparatoire.

La seconde période de travail sera le *dépilage* ou l'enlèvement complet de toute la masse minérale.

§ 4.

TRAÇAGE.

Les travaux de traçage auront pour but la reconnaissance des gisements, la détermination de leur allure et de leurs qualités en différents points, ainsi que la préparation des voies de roulage et d'aérage.

Objet du traçage.

Le traçage s'opérera au moyen de galeries d'allongement espacées de 30 mètres environ les unes des autres pour les couches dont l'inclinaison est comprise entre 45° et la verticale.

Galeries d'allonge-
ment.

Cet espacement pourra être porté à 40 mètres au plus pour les couches ayant moins de 45° de pente.

Les galeries d'allongement devront être tracées suivant la direction des couches ; elles détermineront, pour chaque assise, différents niveaux entre lesquels on établira des communications au moyen de galeries montantes ou de cheminées qui recouperont les premières et que l'on tracera cette fois suivant l'inclinaison ou suivant des lignes diagonales entre la direction et l'inclinaison.

Galeries montantes
ou cheminées,

Nous ne pouvons pas préciser l'espace variable qui devra séparer ces dernières galeries parce qu'elles devront toujours être tracées de préférence dans les parties les plus tendres par raison d'économie, ou bien dans les parties les plus riches pour que ces travaux soient productifs.

Partout où le calcaire sera reconnu de mauvaise qualité, il faudra se contenter de poursuivre les galeries d'allongement sans les recouper en travers.

Les galeries qui seront exécutées pendant la période du traçage donneront évidemment des blocs de pierres de dimensions restreintes, puisque l'attaque des gisements utilisables se fera en plein massif ; ces dimensions seront encore d'autant plus limitées que la section de ces galeries préparatoires sera plus réduite : cette période du travail dans les carrières produira donc certainement plus de pierres lithographiques de format moyen et moins d'échantillons de grande dimension que l'exploitation des massifs détachés et isolés par le traçage.

Pour parer dans une certaine mesure à cet inconvénient et pour obtenir le rendement maximum des couches en blocs de pierres de grandes dimensions, il conviendra donc de diminuer le plus possible le nombre des galeries de niveau exécutées en direction pendant le traçage en se rapprochant des limites extrêmes que nous avons fixées pour leur espacement.

Nous conseillerons aussi de donner à ces galeries toute la largeur qui sera compatible avec la nature du toit de la couche, en recommandant toutefois de ne pas forcer ces dimensions jusqu'à amener la nécessité d'un boisage coûteux.

Les galeries destinées au roulage devront avoir une Galeries de roulage. pente de 0^m,006 à 0^m,008 par mètre, qui permettra l'écoulement des eaux d'infiltration et par suite l'assèchement convenable des travaux ; en outre, cette pente douce facilitera beaucoup la descente des wagons pleins, qui sortiront des chantiers d'extraction pour être amenés au jour, sans qu'il puisse en résulter pourtant une fatigue appréciable pendant le roulage inverse des wagons vides remontés vers les fronts de taille.

On profitera de la période de traçage pour installer Travaux à exécuter durant la période de traçage. les voies ferrées souterraines et extérieures ; pour réparer les chemins si l'entrée des galeries de roulage n'aboutit pas immédiatement sur les grandes voies de communication et pour ménager, dans tous les cas, à la jonction des travers-bancs et des routes carrossables, un carreau de mine convenablement disposé pour le chargement facile et économique des blocs sur les véhicules de transport.

C'est pendant cette période, qui durera près d'un an, que la construction de l'usine de sciage et de transformation des blocs en pierres lithographiques devra se commencer et s'achever.

§ 5.

DÉPILAGE.

Commencement de cette période.

Lorsque les travaux de la période de traçage seront suffisamment avancés, c'est-à-dire lorsque les réserves de massifs reconnus et isolés sur quatre faces seront suffisantes pour alimenter l'usine de sciage pendant plusieurs mois, alors seulement commencera la période du dépilage ou de l'enlèvement complet des massifs.

Disposition et nombre des tailles.

Pour dépiler on attaquera chaque massif isolé et reconnu comme devant produire des pierres de qualités satisfaisantes, en disposant des tailles en retraite les unes par rapport aux autres, de manière à produire une série de gradins droits ou de gradins couchés suivant la plus ou moins grande inclinaison de la couche exploitée.

Entre deux galeries d'allongement le nombre des tailles variera suivant la longueur qu'on se verra forcé de leur donner pour arriver à l'extraction de blocs capables de fournir des pierres lithographiques d'un format avantageux.

Avec un front de taille ayant une disposition brisée, on obtiendra une solidité du toit bien plus grande que si l'on opérait l'enlèvement par grandes tailles : cet avantage se traduira par une économie appréciable dans le boisage.

Il est facile de concevoir qu'en multipliant les surfaces d'isolement, on ne peut que faciliter aussi l'abatage, puisque la roche sera d'autant facile à enlever qu'elle sera dégagée sur un plus grand nombre de faces.

Dans cet ordre d'idées, il sera donc avantageux aussi de donner aux chantiers d'abatage une hauteur ou une largeur au-dessus du toit de la couche, de manière à pouvoir découvrir la masse minérale utilisable soit sur sa partie supérieure soit latéralement, suivant le pendage.

Cette particularité pourra être observée avec d'autant plus d'à-propos qu'il existe au-dessus du toit entre le banc de calcaire gréseux ou les grès solides qui surmontent les couches, une certaine épaisseur de lits marneux ou de psammites de faible puissance.

L'enlèvement de ces schistes marneux jusqu'aux assises solides, sans grever de beaucoup les frais d'abatage, aura le triple avantage suivant :

1° D'obtenir au-dessus de l'ouvrier un toit résistant qui diminuera les chances d'accident et évitera un boisage onéreux ;

2° De produire une plus grande quantité de déblais, lesquels ajoutés aux matières stériles provenant des bancs du calcaire compacte permettront de remblayer plus parfaitement en arrière et faciliteront ainsi le dépilage ;

3° De découvrir le gîte sur une face de plus, ce qui rendra l'abatage plus commode et permettra d'obtenir des blocs de pierre d'une longueur et d'une largeur plus grandes.

Opération du dépilage proprement dit, précautions à prendre.

Si [malgré l'enlèvement des schistes marneux les déblais et les matières stériles sont insuffisants pour remblayer complétement en arrière des fronts de taille, comme nous ne voyons aucune utilité à amener des remblais de l'extérieur, on procédera à l'enlèvement complet des bancs en dépilant, c'est-à-dire en laissant affaisser les roches du toit au-dessus des remblais qui auront été déposés sur le mur.

Ce travail souterrain devra se faire avec beaucoup de précautions.

Pour éviter les accidents, l'ouvrier mineur aura soin, au fur et à mesure qu'il avancera dans sa taille, de boiser soigneusement derrière lui et il ne retirera les étais provisoires qu'il aura placés, pour se protéger, que lorsqu'il aura pu accumuler, entre le front de taille et la partie exploitée, une quantité de remblais suffisante pour retenir le glissement ou l'effondrement des roches du toit.

Le mineur devra, en un mot, être toujours maître de régler à volonté les conditions de l'affaissement qui se produira par le tassement des remblais ou par l'écrasement des étais.

L'enlèvement du boisage, s'il peut avoir lieu sans risques, s'effectuera toujours en arrière d'un muraillement épais, soigneusement construit avec les matériaux défectueux et inutilisables provenant de l'abatage; quoiqu'il soit complétement inutile de lier les éléments de ces muraillements, par un mortier ou un hourdissage quelconque, il faudra pourtant les disposer de telle sorte que les joints verticaux des différentes assises superposées soient coupés et alternés afin de donner à cette maçonnerie sèche une plus grande résistance à la compression du toit.

Si toutes ces précautions sont bien prises, l'enlèvement par dépilage fournira certainement une proportion considérable de blocs capables de donner par le sciage des pierres de grands formats, à la condition encore de conduire l'abatage avec toutes les particularités que nous allons signaler.

§ 6.

RECOMMANDATIONS PRATIQUES EN VUE DE L'OBTENTION DU RENDEMENT MAXIMUM DES COUCHES.

Comme première recommandation, nous ne saurions trop insister sur la prohibition de l'usage de la poudre, du fulmi-coton, de la nitroglycérine ou de la dynamite dans tous les travaux, sauf dans le percement des galeries à travers bancs.

Toutes les matières dont l'inflammation produit une expansion subite de gaz, opèrent par l'explosion un ébranlement violent dont l'effet se traduit, d'abord, par un déchirement et un fendillement en tous sens dans la masse minérale, ensuite, par une modification moléculaire altérant quelque peu ou détruisant même parfois complétement l'homogénéité de la roche.

On conçoit sans peine que les conséquences de l'emploi de pareilles matières explosibles deviennent très-nuisibles lorsqu'il s'agit d'obtenir des blocs de pierre dont la richesse et la valeur industrielles sont proportionnées à l'étendue plus ou moins grande des surfaces que le sciage permet de développer, ainsi qu'à l'homogénéité plus ou moins parfaite des parties obtenues après le travail mécanique de la division en tranches.

Préférence à donner aux moyens mécaniques dans l'abatage.

Au lieu d'utiliser les matières explosibles pour l'abatage des roches, il faudra donc, de préférence, employer des moyens mécaniques.

On profitera des délits qui séparent les bancs dans une même couche pour forer de distance en distance des trous d'une profondeur satisfaisante qui permettront ensuite, à l'aide de leviers et de coins en fer, garnis de platines en tôle ou en bois, de détacher successivement les bancs du massif de la couche, sans amener leur rupture.

Nous attachons une importance tellement grande aux précautions que l'on doit prendre pour l'abatage, que nous conseillerons même d'éviter, autant que faire se pourra, l'emploi du burin et de la massette pour le forage de ces trous.

Utilisation de la force produite par le gonflement du bois mouillé.

Afin d'éviter toute espèce de choc ou d'ébranlement préjudiciable, il conviendra très-bien aussi d'enfoncer des coins en bois, jusqu'au refus de la massette, dans

les trous pratiqués sur la ligne de séparation des bancs
de la couche; ces coins seront ensuite mouillés, et,
après quelques heures ou le lendemain matin, si cette
opération se fait de préférence le soir, le gonflement du
bois déterminera un effort suffisant pour soulever la
partie du banc que l'on aura soumise à cette force
naturelle et irrésistible.

L'usage d'une tarière héliçoïdale agissant par rotation donnera d'excellents résultats dans les parties où
la force de l'homme sera suffisante pour entamer la
roche à l'aide de cet outil.

Tarière héliçoïdale.

Lorsque le calcaire compacte, au contraire, possédera une dureté telle que l'homme sera impuissant à
faire agir utilement la tarière dans la masse minérale ou dans les délits qu'elle présentera, nous engagerons alors à substituer, au travail de la percussion
ordinaire par le burin et la massette, le travail de
la rotation à l'aide d'engins mécaniques spéciaux
appelés perforateurs.

Emploi des perfora-
teurs.

Nous avons eu déjà l'occasion d'être satisfait nous-
même de l'emploi du perforateur *Lisbet*, dans des
calcaires d'une dureté à peu près comparable à celle
des couches constituant les carrières des environs d'O-
neglia ; nous pouvons même mentionner son emploi régulier dans l'exploitation des calcaires argileux que l'on
rencontre dans les mines de Gréasque, près de Fuveau
(Bouches-du-Rhône), et qui, extraits par le puits

Perforateur Lisbet.

Castellane, alimentent l'usine de la Valentine dont les ciments sont très-recherchés à Marseille.

Dans cette exploitation souterraine, on fait usage de la poudre ou des matières explosibles en général, parce que leur emploi n'a rien de préjudiciable à la qualité du calcaire utilisable, mais le forage des trous de mine, obtenu avec le perforateur Lisbet, produit une économie de 20 à 25 0/0 sur le travail de percussion au burin et à la massette.

Dans plusieurs mines importantes du département du Nord et de la Belgique, on se sert aussi fréquemment du perforateur *Lisbet*, dont le prix modique et la simplicité permettent d'obtenir partout des avantages appréciables.

Perforateur Leschot. L'appareil *Leschot* à pointes de diamant noir, construit et perfectionné par Pihet, pourrait également être employé avec succès, mais en dehors de la difficulté que l'on a pour remplacer avantageusement les pointes de diamant noir, depuis que l'emploi de cet appareil s'est généralisé, il présente, sur le perforateur Lisbet, l'inconvénient d'être plus compliqué et d'exiger une manipulation plus délicate.

Hâveuse Gay. Nous signalons aussi en passant, tout le parti que l'on pourrait tirer, dans certains cas particuliers, de la hâveuse Gay dont l'emploi a donné des résultats assez satisfaisants dans des roches d'une dureté moyenne et avec laquelle le forage s'exécute aussi mécaniquement par rotation.

Pour les couches dont l'allure est droite ou dont la pente se rapproche de la verticale, l'enlèvement complet des massifs compris entre deux galeries d'allongement présenterait certainement beaucoup plus de facilité par l'adoption de la méthode par gradins renversés, mais il ne faut pas songer un seul instant à adopter cette méthode pour l'exploitation des calcaires lithographiques, parce que le procédé donnerait sûrement un rendement plus faible en grands et moyens formats de pierres, ce qui serait loin d'être compensé par l'économie que l'on retirerait des avantages de la méthode par *gradins renversés* sur celle par *gradins droits*.

En proscrivant l'usage de la poudre, il est bien évident que nous n'avons pas voulu étendre notre recommandation au percement des travers bancs et des galeries d'allongement dont l'exécution a toujours lieu en plein massif ; néanmoins, nous engagerons beaucoup à limiter les charges dans les galeries en traçage, afin de ne pas produire des ébranlements trop intenses. On se rappellera que l'expérience a démontré que sur $1^m,25$ à $1^m,50$ à droite et à gauche des galeries percées à la poudre, le calcaire compacte ne produit que des formats moyens de pierres lithographiques. Il sera donc bien plus avantageux d'augmenter un peu les frais de traçage par un avancement plus lent à l'aide de coups de mines modérés que de rendre inutilisables 2 à 3 mètres de la couche par un avancement trop rapide qu'on ne peut obtenir dans

Rejet absolu du système d'exploitation par gradins renversés.

Modération dans la charge des trous de mine.

les galeries en plein massif, qu'en forant des trous de mines profonds.

Enfin, nous recommanderons aussi d'éviter avec soin la tendance que l'ouvrier mineur a généralement de faciliter l'abatage par un sous-cavage ou hâvage pratiqué au mur de la couche.

Pour nous résumer, au lieu d'utiliser l'action de la pesanteur dans l'exploitation des calcaires lithographiques, il faudra au contraire, chercher à l'annihiler ; en réagissant contre elle constamment on obtiendra des blocs d'un volume maximum et on leur conservera ce volume depuis le front de taille des carrières souterraines d'où ils sont extraits jusqu'à leur arrivée sous les châssis de sciage de l'usine mécanique.

Nous avons remarqué le peu d'importance que l'on a attaché jusqu'ici aux recommandations précédentes dans l'exploitation des calcaires compactes de la Ligurie maritime.

En visitant certains chantiers, nous avons été frappé de reconnaître sur les parois des galeries, des traces aussi nombreuses qu'évidentes de trous de mines que l'ouvrier mineur avait forés dans le but exclusif de faciliter l'abatage.

Nous avons pu constater aussi que dans certains chantiers d'extraction, aujourd'hui abandonnés à cause de leur fâcheuse situation au point de vue des moyens de transport, les blocs de pierre provenant des niveaux supérieurs de l'exploitation étaient roulés de paliers

en paliers et arrivaient après des chutes successives
jusqu'au niveau inférieur où aboutit la route carrossable.

Une pareille indifférence dans le choix des points
d'attaque et dans l'emploi d'une méthode d'exploitation
rationnelle et régulière aurait, à notre avis, l'immense
inconvénient de diminuer de beaucoup le rendement
des couches remarquables des environs d'Oneglia.

Nous terminerons ce chapitre en formulant l'axiome   Axiome.
suivant qui est le résumé de toutes les recommandations pratiques que nous avons faites précédemment :
*les résultats plus ou moins avantageux qui résulteront de
l'ensemble des travaux exécutés dans cette entreprise industrielle dépendront toujours du volume plus ou moins grand
des blocs que l'on pourra extraire.*

Si l'on fait converger vers ce même but toutes les   Conclusion.
phases d'une exploitation intelligente, les richesses
minérales de cette partie de la Ligurie ne tarderont
pas à devenir pour le pays en général, et pour les
exploitants en particulier, une source abondante de
larges profits.

CHAPITRE VI

TRAVAUX A EXÉCUTER ET RESSOURCES
NÉCESSAIRES

La détermination des travaux à exécuter et des ressources nécessaires pour le fonctionnement régulier d'une entreprise ayant pour but la transformation des calcaires compactes de la vallée d'Impero en pierres lithographiques, ne peut pas être faite aujourd'hui d'une manière absolue, puisque les données principales d'un projet définitif n'ont pas encore été déterminées elles-mêmes.

Notre appréciation personnelle est que l'exploitation des carrières des environs d'Oneglia ne pourra donner des résultats certains et avantageux, qu'à la condition d'avoir pour base une production annuelle minimum de 300 mètres cubes de pierres lithographiques marchandes, correspondant à 1 mètre cube de production journalière.

Nous pensons qu'une entreprise de ce genre ne pourra donner des bénéfices qu'à la condition de se trouver dans les conditions économiques de fabrication que l'on retrouve dans les usines similaires de l'Italie ou d'ailleurs.

Pour se placer dans les conditions nécessaires pour pouvoir soutenir avantageusement toute concurrence, il faudra employer des engins perfectionnés dans le sciage.

L'emploi de tous ces engins perfectionnés entraînera forcément à une installation importante dont les frais ne pourront être récupérés qu'à partir d'une certaine production déterminée.

Les bénéfices de toute entreprise industrielle ne commencent à devenir réels que lorsque la production est suffisante pour payer largement :

1° Les frais de main-d'œuvre ;

2° Les frais occasionnés par la force motrice ;

3° L'intérêt et l'amortissement du capital engagé ;

4° Les frais généraux.

Avec une production annuelle inférieure à 300 mètres cubes, nous ne pensons pas qu'il resterait, après le prélèvement des frais, une part suffisante pour donner une satisfaction assez large à l'initiative des industriels ainsi qu'à tous les intérêts engagés.

Voilà pourquoi nous croyons devoir fixer à l'avance une limite minimum dans la production.

Nous allons indiquer maintenant d'une manière suffisamment approximative, ainsi que nous l'avons fait pour l'établissement du prix de revient, à combien s'élèvera la dépense des travaux qui devront être exécutés en vue de cette production minimum, ainsi que les ressources financières qui seront nécessaires pour mener à bonne fin une pareille entreprise industrielle.

Pour plus de clarté, nous diviserons l'ensemble des travaux à exécuter en cinq groupes distincts :

Division des travaux en cinq groupes distincts.

1° Percement des travers bancs, voies ferrées, matériel roulant, aménagements intérieurs et extérieurs des carrières ;

2° Usine de sciage et dépendances, bâtiments et constructions diverses, matériel, outillage, etc., etc. ;

3° Force motrice : machines à vapeur, cheminée et chaudières ;

4° Avance du traçage sur le dépilage ;

5° Exploitation proprement dite et fonds de roulement.

Nous allons passer en revue chacun de ces groupes et nous présenterons pour chacun d'eux, en ce qui concerne les dépenses, les considérations particulières qui ont servi de base à notre appréciation.

1° PERCEMENT DES TRAVERS-BANCS, VOIES FERRÉES, MATÉRIEL ROULANT, AMÉNAGEMENTS INTÉRIEURS ET EXTÉRIEURS DES CARRIÈRES.

Avec une production annuelle de 300^{m3} de pierres marchandes, si les couches ne produisent que le rendement minimum que nous avons admis, c'est-à-dire $6^{m3},600$ par chaque 100 mètres cubes d'abatage, il faudra abattre dans les chantiers 4,545 mètres cubes de roche en place.

On pourrait obtenir ce chiffre de 4,545 mètres cubes en pénétrant seulement dans la montagne de Sant'Agata et l'on n'aurait dans ce cas qu'un seul travers banc à percer, mais comme il importe, dans une appréciation telle que nous la faisons, de compter sur de larges bases, nous admettrons que les gisements situés sur le territoire de la Costa d'Oneglia seront également atteints au moyen d'un second travers banc qui rencontrera du reste les premières couches exploitables de ce groupe à l'endroit dit Cadolaio, à une distance d'environ 100 mètres de la grande route du Piémont, ainsi que l'on peut s'en rendre compte en se rapportant au plan annexé au présent mémoire.

Nous admettrons aussi que la couche affleurant sur la route de la Corniche, non loin du pont suspendu d'Oneglia, sera mise en exploitation par des travaux qui permettront de dégager les affleurements au niveau de la dite route.

Nous estimons que le travers banc de Sant'-Agata, celui de la Costa d'Oneglia et les travaux de dégagement de la couche située à proximité de la mer sur le Monte Bandelin ne s'élèveront pas à une somme supérieure à.................................... 60,000 fr., en englobant dans ce chiffre l'installation des voies ferrées souterraines, l'achat de quelques parcelles de terrain, le matériel roulant nécessaire, ainsi que tous les aménagements de la surface et de l'intérieur.

Avec cette somme nous croyons que l'ensemble des

couches ¦que l'on pourra atteindre et exploiter sera plus que suffisant pour permettre de compter sur une production de 300^{m3} de pierres lithographiques marchandes.

2° USINE DE SCIAGE ET DÉPENDANCES, BATIMENTS ET CONSTRUCTIONS DIVERSES, MATÉRIEL, OUTILLAGE, ETC., ETC.

L'usine de sciage avec toutes ses dépendances constituera certainement la plus grosse dépense de l'entreprise.

Le matériel de gros outillage devra comprendre pour une production journalière de 1 mètre cube de pierres de vente :

1 appareil dégrossisseur ;

4 châssis de sciage pour la transformation en tranches des blocs dégrossis ;

2 foulons ou polissoirs ;

1 grue ou appareil de levage de 6 à 8 tonnes, installée sur rails ;

1 concasseur de pierres ;

1 malaxeur ou laveur de sables;

1 bascule.

Tous ces appareils devront être entourés de voies ferrées commodément disposées et munies de wagonnets et de plaques tournantes en fonte pour changement de voie, afin de diminuer autant que possible les frais de transport de la matière première dans l'intérieur de l'usine.

Un atelier de forge et un atelier de menuiserie sont

indispensables pour les réparations en général, et pour la confection en particulier des tirants de lames de sciage, des brouettes, des boulons et de toutes les pièces de rechange de l'outillage, ainsi que pour la réparation spéciale des outils de mine, tels que : pics, fleurets, burins, massettes, pointerolles, coins, pelles, etc.

En dehors de l'usine proprement dite, divers bâtiments seront indispensables tels que : bureaux, magasins, hangars, ateliers, écuries, remises, etc.

Il faut prévoir également un équipage de transport avec chevaux, harnais, tombereaux et véhicules spéciaux, ainsi qu'un outillage d'embarquement.

L'alimentation des chaudières et des châssis exigera le fonçage d'un puits important et l'installation de pompes, réservoirs, conduites d'eau, etc.

Les transmissions dans toute l'usine auront une valeur assez considérable en raison de la multiplicité des outils et organes qui seront en mouvement.

Nous estimons que la dépense totale de l'usine de sciage et de toutes ses dépendances atteindra le chiffre de. 160.000 francs, sans y comprendre le moteur, mais en englobant dans ce chiffre tous les travaux de maçonnerie des bâtiments et des murs de clôture ; ainsi que la menuiserie, la serrurerie, la vitrerie, la plomberie, la charpente, la couverture ; l'installation de tous les ateliers de dégrossissage, de sciage, de débitage, de traçage ; l'approvisionnement des pièces de rechange : lames de sciage, engrenages, courroies, etc. ; l'achat des outils des divers ateliers, etc., etc.

3° FORCE MOTRICE : MACHINES A VAPEUR, CHEMINÉE ET CHAUDIÈRES

La force nécessaire pour mettre en mouvement tous les outils du sciage et des ateliers doit être évaluée à 40 ou 50 chevaux pour une production journalière d'un mètre cube de pierres livrables au commerce.

Nous engageons fortement à adopter de préférence l'emploi de 2 machines de 25 chevaux, au lieu d'une machine unique. Avec cette précaution, l'usine ne sera jamais complétement arrêtée par suite des réparations que le moteur réclame quelquefois au milieu du service. Le travail de chacune de ces machines se développera sur le même arbre de couche, soit en les accouplant, soit en les laissant complétement indépendantes.

L'achat du moteur, de ses chaudières et les frais d'installation complète, y compris la construction de la cheminée, peuvent être évalués à 1,000 fr. le cheval.

Soit pour 50 chevaux . . . . . . 50.000 francs.

4° AVANCE DU TRAÇAGE SUR LE DÉPILAGE.

Pour que les carrières souterraines se présentent constamment dans des conditions favorables d'exploitation, il faudra que les travaux de la période de traçage soient toujours en avance sur l'extraction proprement dite ou le dépilage des massifs.

Les travaux préparatoires consistent surtout dans le dégagement des piliers ou massifs sur 4 faces au moyen de galeries d'allongement tracées dans la direction des couches et de galeries ou cheminées transversales reliant les premières et faisant communiquer ainsi les niveaux différents.

Le traçage doit être opéré méthodiquement suivant un plan d'ensemble étudié et adopté à l'avance; il commencera l'exploitation des gisements; il reconnaîtra leurs allures et leurs qualités en différents points; il isolera les uns des autres une série de massifs en nombre suffisant pour que les carrières présentent toujours à l'avance un cube déterminé de roches prêtes à l'abatage; il préparera enfin les voies d'aérage et de roulage.

Nous pensons qu'il serait très-utile que le traçage fût toujours de 6 mois en avance sur le dépilage et nous compterons même ici sur une année pour tenir un compte suffisant des conditions plus ou moins particulières dans lesquelles une exploitation se trouve placée à ses débuts.

Or, en supposant que le rendement de 100 mètres cubes de roche en place ne soit que de $6^{m3},600$ en pierres marchandes, il faudra donc, pour une production annuelle de 300 mètres cubes, que les travaux de la période de traçage soient suffisants pour mettre en réserve environ 5,000 mètres cubes de roches utilisables.

Nous avons précédemment vu qu'en admettant même que le traçage ne rapporterait rien, c'est-à-dire ne produirait pas de blocs de pierres ayant des dimensions avantageuses, le mètre cube de roche en place ne pouvait être considéré comme grevé, du chef des travaux préparatoires, que de. . . . . 3 fr. 33.

Le capital qu'il faudra engager avant de pouvoir compter sur une production régulière sera donc de :
5000 × 3,33 =. . . . . 16,650 fr.
que nous porterons dans notre estimation à la somme en chiffres ronds de . . . . 20,000 fr.

5° EXPLOITATION PROPREMENT DITE ET FONDS DE ROULEMENT.

Les capitaux dont il faudra disposer pour faire face à l'exploitation proprement dite des gisements, au sciage des blocs et aux frais généraux de l'usine et des carrières, peuvent s'apprécier en prenant pour base le total du prix de revient de toute la production pendant six mois de temps.

Le service commercial de l'entreprise devra être organisé de manière à ce que les produits de la vente soient encaissés, par conséquent, dans un délai moyen de 6 mois.

Comme nous avons admis une production annuelle de 300 mètres cubes et un prix de revient oscillant aux environs de 500 fr. le mètre cube de pierres livrables, il faudra, sur ces bases, un fonds de roulement immédiatement disponible de :

$$\frac{300}{2} \times 500 = \text{. . . . . } 75,000 \text{ fr.}$$

pour faire face aux besoins de l'exploitation des carrières et assurer le fonctionnement régulier de l'usine de sciage.

RÉCAPITULATION.

Les diverses évaluations précédentes démontrent que l'entreprise d'exploitation des carrières de la vallée de l'Impero, sur le pied d'une production journalière d'un mètre cube de pierres lithographiques marchandes, exigera l'immobilisation d'un capital de :

1° Percement des travers-bancs, voies ferrées, matériel roulant, aménagements intérieurs et extérieurs, ensemble . . .   60.000 fr.

2° Établissement de l'usine de sciage et de ses dépendances, bâtiments et constructions diverses, matériel, outillage, etc., ensemble . . . . 160.000 fr.

3° Force motrice : machine à vapeur, cheminée et chaudières . . . . 50.000 fr.

4° Avance du traçage sur le dépilage 20.000 fr.

5° Fonds de roulement nécessaires à l'exploitation industrielle . . . . 75.000 fr.

TOTAL. . . . . . . 365.000 fr.

En tenant compte des imprévus, on peut donc fixer le montant des ressources indispensables pour une pareille entreprise industrielle, au capital en chiffres ronds de . . . . 400.000 fr.

Le désidératum de la production ne peut pas se borner à 300 mètres cubes seulement par an; il n'aura d'autres limites que celles qui seront imposées par la consommation, et nous répétons encore que la production de 300 mètres cubes doit être considérée comme un minimum nécessaire à atteindre dès les débuts pour que l'entreprise réalise des bénéfices en proportion avec le capital de premier établissement.

Pour une production supérieure à celle que nous avons fixée comme limite minimum, les frais d'installation d'appareils supplémentaires seront, dans de certaines limites, moins élevés que ceux que nous avons prévus pour une organisation naissante.

Nous admettons enfin qu'avec un capital double de celui que nous venons de fixer, on pourra produire, non pas le double, mais le triple de la production qui nous a servi de base, par la raison bien simple que toutes les dépenses fixes telles que frais de percement des travers-bancs, frais généraux, achats de terrains, etc., n'auront pas à se renouveler lorsque la production dépassera 300 mètres cubes.

CHAPITRE VII

DÉTERMINATION DU PRIX DE VENTE, DU PRIX DE REVIENT ET DES BÉNÉFICES

Minimum du rendement aux carrières et à l'usine de sciage. — Prix de revient pour la transformation en pierres lithographiques de 100 mètres cubes de roches en place. — Évaluation des bénéfices.

§ 1.

PRIX DE VENTE.

En consultant les tarifs à peu près uniformes des diverses usines de la France et de l'étranger, on se convaincra facilement que le prix de vente moyen du mètre cube de pierres lithographiques dépasse le chiffre de 1,200 francs.

Les pierres du plus petit format n° 1, dit format *éti-*

quettes, dont les dimensions ne sont que de $0^m,13$ sur $0^m,16$ et dont l'épaisseur n'atteint que $0^m,05$, se vendent en moyenne 1 fr. la pièce, ce qui ramène le mètre cube à 1,000 francs.

Les pierres de dimension moyenne n° 12 ($0^m,32$ sur $0^m,49$) format 1/2 *coquille*, se vendent, en moyenne, 12 fr. 75, la pièce, ce qui, en supposant les pierres de $0^m,07$ d'épaisseur, ramène le mètre cube au prix de 1,275 francs.

Enfin, les pierres de grand échantillon ($1^m,08$ sur $1^m,62$), format *double monde*, atteignent un prix de vente de 1,800 à 2,000 fr. le mètre cube.

Conservons la moyenne de 1,200 fr. le mètre cube comme prix de vente et cherchons à établir maintenant le prix de revient.

§ 2.

MINIMUM DU RENDEMENT AUX CARRIÈRES ET A L'USINE
DE SCIAGE.

Pour ne pas tomber dans une exagération regrettable dans l'établissement du prix de revient, plaçons-nous dans des conditions d'exploitation les plus défavorables et admettons seulement les résultats minimum obtenus déjà dans des entreprises industrielles similaires.

1° 100 mètres cubes de roche en place dans la couche doivent produire un minimum de :

Blocs bruts à scier, contenant au moins un format n° 12 de ($0^m,32$ sur $0^m,49$) . . . . 20 mètres cubes

Déchets d'abatage 80   —

Total... 100 mètres cubes

2° 100 mètres cubes de blocs bruts à scier, venant de la carrière, doivent produire un minimum à l'usine de sciage de :

Tranches sciées. . . . . 75 mètres cubes

Déchets de sciage. 25   —

Total . . 100 mètres cubes

3° 100 mètres cubes de tranches sciées doivent produire un minimum de :

Tranches offrant des formats de ($0^m,32$ sur $0^m,49,$) n° 12 et au-dessus. 20 mètres cubes

Tranches offrant des formats au-dessous du n° 12. 80   —

Total. . 100 mètres cubes

4° 100 mètres cubes de tranches offrant des formats de ($0^m,32$ sur $0^m,49$)

et au-dessus, doivent produire un minimum, à la débiteuse, de :

Pierres marchandes du n° 12 et au-dessus . . . .   60 mètres cubes

Déchets de sciage et rebuts, au plus . 40   —

Total . . 100 mètres cubes

5° 100 mètres cubes de tranches offrant des formats au-dessous du n° 12 (0^m,32 sur 0^m,49) doivent produire, à la débiteuse, un minimum de :

Pierres marchandes, du n° 1 au n° 12 . . . .   40 mètres cubes

Déchets de sciage et rebuts, au plus.   60   —

Total . . 100 mètres cubes

Sur ces bases 100 mètres cubes de roche en place donneront seulement un rendement de :

1° Formats au-dessus du n° 12 (0^m,32 sur 0^m,49) . . . .   1^{m3},800

2° Formats au-dessous du n° 12 (du n° 1 au n° 12) . . . .   4^{m3},800

Total . . . . .   6^{m3},600

c'est-à-dire que le rendement de la couche en volume ne sera que de 6.60 0/0.

Malgré ce faible rendement en volume, voyons maintenant ce que produiront en recettes ces 6 mètres cubes 600 de pierres lithographiques provenant de 100 mètres de roche en place.

1° 1^{m3},800 de formats au-dessus du n° 12 acceptés seulement au prix de 1,275 fr. le mètre cube, comme s'il n'y avait que des pierres du n° 12, donneront un produit de :

$$1^{m3},800 \times 1,275 \text{ fr.} = \qquad 2.295 \text{ fr.}$$

2° 4^{m3},800 de formats au-dessous du n° 12, comptés seulement au prix de 1,000 fr. le mètre cube, comme s'il n'y avait que des pierres n° 1, donneront un produit de :

$$4^{m3},800 \times 1,000 \text{ fr.} = \qquad 4.800 \text{ fr.}$$

$$\text{Total.} \ldots \quad 7.095 \text{ fr.}$$

En nous plaçant dans des conditions défavorables d'extraction et de sciage, nous voyons donc que 100^{m3} de roche en place, donneront un revenu minimum de 7,095 fr. avec un rendement seulement de 6^{m3},600 en pierres marchandes, au prix de $\dfrac{7,095}{6,6} = 1,075$ fr. au lieu de 1,200 fr. qui est le prix moyen réel sur lequel on peut compter.

§ 3

PRIX DE REVIENT POUR LA TRANSFORMATION EN PIERRES LITHOGRAPHIQUES DE 100 MÈTRES CUBES DE ROCHE EN PLACE.

Cherchons maintenant à nous rendre compte des dépenses maximum qu'occasionnera la transformation en pierres lithographiques de 100 mètres cubes de roche en place, dont le rendement minimum vient d'être déterminé.

Ces dépenses peuvent se diviser en quatre catégories bien distinctes, savoir :

1° Les frais occasionnés par les travaux préparatoires ou par la période de traçage ;

2° Les frais d'extraction proprement dite comprenant : l'abatage, le remblayage, le boisage et le transport au jour ;

3° Les frais de transport depuis les carrières jusqu'au carreau de l'usine de sciage.

4° Les frais de sciage ;

Nous ne parlerons pas ici des frais généraux inséparables de toute entreprise, parce que ces frais ont une élasticité et une variabilité qui dépendent du mode d'organisation de chaque affaire et des idées économiques de ses administrateurs.

1° FRAIS OCCASIONNÉS PAR LES TRAVAUX PRÉPARATOIRES OU PAR LA PÉRIODE DE TRAÇAGE.

La répartition, sur 100 mètres cubes de roche en place, des frais occasionnés par les travaux préparatoires ou par la période de traçage, peut se faire assez approximativement sans grande difficulté.

Supposons, en effet, un massif à exploiter, de 100 mètres de longueur sur 100 mètres de largeur et donnant par conséquent un volume en place de 10,000^{m3}, si l'on ne suppose à la couche qu'une puissance de un mètre.

Pour préparer un pareil volume et le mettre en état d'être dépilé, il suffira d'entrer dans le massif par trois galeries d'allongement espacées, par conséquent, de 33 mètres environ les unes des autres et de les recouper par un nombre égal de galeries transversales. Le traçage, dans de pareilles conditions, découpera la masse minérale utilisable en piliers carrés d'environ 30 mètres de côté, complétement isolés les uns des autres, et par conséquent, entièrement dégagés sur quatre faces.

L'ensemble des galeries en direction et transversales représentera donc une longueur totale de 600 mètres pour un massif de 10,000^{m3}.

En supposant que les galeries de traçage aient une section de 3^{m2},50, c'est-à-dire environ 2 mètres de hauteur sur 1^{m},80 de largeur ; en estimant la journée des ouvriers à 3 fr. 50 et le kilog. de poudre à 2 fr., conditions faciles à réaliser dans cette partie de l'Italie, le mètre d'avancement en galeries dans la couche ne reviendra pas à plus de 50 fr.

Comme dureté, les roches à abattre ne présenteront pas plus de difficultés, certainement, que les roches de troisième ordre que l'on rencontre dans les schistes argileux micacés ou les grès mi-tendres de certains terrains houillers.

En fixant le chiffre de 50 fr., nous nous basons, du reste, sur le prix de revient des galeries qui ont été déjà exécutées dans la contrée.

En admettant ce chiffre de 50 fr. par mètre d'avancement, on trouvera que le prix de revient des travaux de la période de traçage réparti sur un mètre cube de roche en place, atteindra le chiffre de 3 fr. 33.

100 mètres cubes de roche en place coûteront donc de traçage. . . . . 333 fr.

2º FRAIS D'EXTRACTION PROPREMENT DITE COMPRENANT : L'ABATAGE, LE REMBLAYAGE, LE BOISAGE ET LE TRANSPORT AU JOUR.

Ces dépenses ne dépasseront pas 14 fr. 30 c. le mètre cube.

Nous comptons en effet en admettant ce chiffre, comme si les travaux d'abatage s'exécutaient en galerie de 1^m,80 sur 2 mètres, c'est-à-dire de 3 mètres carrés et 1/2 de section et au prix de 50 fr. le mètre d'avancement.

Or, pour toute personne ayant l'habitude du travail souterrain, il est évident que plus les chantiers de dépilage ont un front développé, plus les frais d'abatage diminuent : en un mot, dans les galeries d'allongement, le mineur travaille en pleine couche, tandis qu'en dépilant, le travail est facilité singulièrement par le dégagement des massifs.

Si nous croyons devoir maintenir le travail d'extraction au même prix que si l'enlèvement de la roche s'exécutait en pleine couche, c'est uniquement pour tenir un large compte des précautions qui devront être employées pour arriver à obtenir des blocs de grande dimension.

100 mètres cubes de roche en place coûteront donc au maximum pour le dépilage complet . . 1,430 fr.

3° FRAIS DE TRANSPORT DEPUIS LES CARRIÈRES JUSQU'AU CARREAU DE L'USINE DE SCIAGE.

Ces frais dépendront évidemment de la situation de l'usine, relativement à chaque carrière exploitée.

Nous nous placerons encore dans les conditions les plus défavorables et nous admettrons que l'usine de sciage étant installée à proximité d'une des carrières, toutes les autres auront un transport sur les voies carrossables de la contrée pour amener leurs produits à l'usine.

Nous fixerons à 10 fr. par mètre cube la dépense moyenne de ce transport, tout en restant bien convaincu que ce chiffre ne sera pas atteint.

Pour 100 mètres cubes de roche en place qui ne produiront, d'après ce que nous avons admis, que 20 mètres cubes de blocs utilisables, nous aurons alors, de ce chef, des frais s'élevant à :

$$20 \times 10 = \ldots \ldots \ldots 200 \text{ fr.}$$

4° FRAIS DE SCIAGE.

Puisque la construction de l'usine est encore à l'état de projet, les frais de sciage ne peuvent s'apprécier que par analogie avec les résultats obtenus précédemment dans les entreprises similaires.

Or, le fonctionnement actuel de l'usine de Diano-Marina, qui utilise le prolongement des couches que nous avons reconnues dans les environs d'Oneglia, permet d'établir à peu près exactement le prix de revient du sciage, dont la limite extrême peut être évaluée à 200 fr. par mètre cube de pierres marchandes.

L'usine nouvelle, qui transformera en pierres lithographiques les blocs provenant des carrières de la vallée de l'Impero, donnera indubitablement des résultats plus avantageux que ceux qui ont été obtenus par sa devancière, parce qu'elle entrera aussitôt après son installation dans une voie régulière de production sans passer par les longs tâtonnements et l'école coûteuse qui sont les conséquences presque forcées des premiers essais industriels.

Donc, en fixant à 200 fr. par mètre cube de pierres marchandes les frais qu'occasionneront toutes les opérations du sciage, nous n'avons pas à redouter un écart sensible sur ce point.

Nous avons admis que 100 mètres cubes de roche en place ne donneront que $6^{m3},600$ de pierres marchandes ; c'est donc :

$$6.600 \times 200 = 1.320 \text{ fr.}$$

que nous avons encore à ajouter aux frais déjà évalués.

RÉCAPITULATION.

En récapitulant toutes les dépenses précédentes, nous trouvons que 100 mètres cubes de roche en place dont la transformation en pierres lithographiques produira un minimum de 7,095 francs de recettes, exigeront pour cette transformation une dépense maximum de :

1° Travaux préparatoires :
Traçage . . . . 333 fr.
   2°Frais d'extraction :
Abatage, remblayage, boisage, transport au
jour, etc. . . . . 1.430 fr.
   3° Transport de la carrière à l'usine. . 200 fr.
   4° Frais de sciage. . . . . 1.320 fr.

       Total des dépenses. . . . 3.283 fr.

§ 4.

ÉVALUATION DES BÉNÉFICES.

Nous avons trouvé que les recettes correspondant au rendement de 100 mètres cubes de roches en place, s'élevaient à . . . .   7.095 fr.

D'un autre côté, le calcul des dépenses nécessaires pour transformer en pierres lithographiques ces 100 mètres cubes de roches en place viennent d'être évaluées à . . . .   3.283 fr.

Bénéfice brut. La différence entre le rendement minimum que l'on obtiendra et la dépense maximum qui sera nécessaire, soit :

$$7.095 \text{ fr.} - 3.283 \text{ fr.} = 3.812 \text{ fr.}$$

représentera le bénéfice brut correspondant à une production de $6^{m3},600$ de pierres lithographiques.

Le bénéfice brut d'un mètre cube sera donc de :

$$\frac{3812}{6,6} = 577 \text{ fr. } 57.$$

Bénéfice net. Connaissant le bénéfice brut que peut procurer chaque mètre cube de pierres marchandes, on obtiendra le bénéfice net en défalquant du chiffre de 577 fr. 57 la part des frais généraux correspondant à chaque mètre cube de pierres lithographiques vendues, ainsi que la répartition sur chaque mètre cube de l'intérêt et de l'amortissement du capital engagé dans l'entreprise.

Les frais généraux comporteront les frais de direction, d'employés , de comptabilité, de patentes, assurances, contributions, etc., etc...

Quant au capital engagé, il devra être suffisant pour faire face :

Au percement des galeries à travers bancs ;

A l'aménagement des quais de chargement ou des abords des routes à leur jonction avec les travers-bancs ;

A l'achat des terrains ;

A l'établissement des voies ferrées souterraines ;

A l'installation de l'usine de sciage, matériel et machines diverses ;

A la construction des bâtiments tels que : bureaux, magasins, hangars, maison d'habitation, écurie, remise, forge, menuiserie, etc. ;

A l'achat du matériel de transport ou d'embarquement ;

Enfin au fonds de roulement que nécessiteront : l'exploitation des carrières, le sciage des blocs à l'usine et le service commercial de l'entreprise.

Si l'on retranche du bénéfice brut d'un mètre cube, bénéfice que nous avons trouvé égal à 577 fr. 57 c., l'intérêt et l'amortissement du capital immobilisé dans l'entreprise, ainsi que les frais généraux répartis sur chaque mètre cube , on reconnaîtra que le bénéfice sur lequel on pourra compter journellement, atteindra environ . . . . 450 francs

Nous avons négligé à dessein de mentionner jusqu'ici tout le parti que l'on pourra tirer de la transformation en dalles de toutes les tranches reconnues défectueuses, après le sciage, soit par le fait de l'irrégularité ou de l'exiguïté d'une dimension, soit par le fait d'un vice de structure ou d'homogénéité.

Les couches de calcaire compacte ayant une grande puissance dans la partie du riant vallon dominée par les bourgs de la Costa d'Oneglia et de Sant' Agata, nous conseillerons de ne faire sortir de la carrière et de n'amener à l'usine de sciage que les blocs complétement vierges de fissures, veines ou veinules. Si, malgré ce choix minutieux, le sciage d'un bloc vient à révéler sur quelques tranches la présence de quelques imperfections, il faudra, au moment de la division en tables ou formats, prendre les précautions nécessaires pour que ces imperfections des tranches soient complétement en dehors du traçage des pierres.

Dans le cas d'un bloc défectueux, ces précautions pourront restreindre quelquefois les dimensions du format qu'on pourrait obtenir, mais elles auront l'immense avantage de ne laisser sortir de l'usine, pour être livrées au commerce, que des pierres de qualités irréprochables.

Les tranches défectueuses ou desquelles il ne serait possible de tirer que des formats de pierres lithographiques de petites dimensions, devront être rejetées impitoyablement et seront transformées en dalles ou en carreaux dont la valeur sera encore bien suffisante pour récupérer les frais de l'opération mécanique du sciage et pour diminuer d'autant le prix de revient des échantillons lithographiques.

Nous ajouterons encore que les déchets relativement considérables du dégrossissage et du débitage, inutilisables même pour la fabrication des dalles et carreaux, pourront recevoir une autre utilisation avantageuse par leur transformation en chaux d'excellente qualité, au moyen d'une cuisson dans des fours que l'on installera à une petite distance des ateliers et, autant que possible, sur le bord d'une route carrossable.

Pour toutes ces raisons, nous pensons qu'avec une production journalière supérieure à un mètre cube, on arrivera facilement à obtenir un bénéfice net de près de 500 francs par mètre de pierres lithographiques marchandes.

Ce bénéfice, qui, de prime abord, pourrait paraître exagéré, ne représente pas en réalité la moitié du prix de vente des produits, et il est facile de se convaincre, par l'examen des résultats de toutes les usines de sciage de pierres ou de marbres que, moyennement et dans des conditions ordinaires de transport, toutes ces industries arrivent couramment à un prix de revient du mètre cube ne dépassant pas la moitié du prix de vente.

En consultant les statistiques de la France, on pourra lire les lignes suivantes, qui sont le résumé de l'enquête ordonnée par le ministère des travaux publics, de 1861 à 1865.

« *Le prix de revient des pierres et marbres est variable*
» *suivant les localités, et le plus souvent le prix s'établit*

» *en tenant compte des frais de transport ; toutefois, il*
» *résulte des documents que nous avons recueillis qu'en*
» *moyenne un mètre cube de pierres revient à 65 francs,*
» *dont 31 fr. 14 c. pour frais d'extraction et de taille, et*
» *1 mètre cube de marbre à 418 fr. 30 c. »*

« *Dans les deux cas, ces frais équivalent à la moitié*
» *environ de la valeur de l'objet. »*

« *Ajoutons qu'à la scierie, les pierres et marbres perdent*
» *7 0/0 de déchets. »*

Cette appréciation officielle, en ce qui concerne surtout le marbre, est applicable *à fortiori* à la pierre lithographique, qui, tout en étant un calcaire comme le marbre, présente l'immense avantage de ne pas avoir besoin d'être sciée en tranches aussi minces que les plaques d'ornementation.

CHAPITRE VIII

PIERRES LITHOGRAPHIQUES

Caractères physiques, nature et qualités des pierres. — Dimensions des formats. — Réputation acquise. — Supériorité. — Certificats élogieux. — Historique de l'ouverture des carrières. — Conclusion.

Les nombreux échantillons de pierres lithographiques extraits jusqu'à ce jour des carrières que nous avons décrites proviennent exclusivement de travaux exécutés à ciel ouvert sur les affleurements.

Ces premiers travaux, dont le but a été principalement de reconnaître la position, l'étendue, la nature et la constitution des diverses couches, ont également servi, en ce qui concerne les formats, à déterminer la limite des dimensions qu'il sera possible d'atteindre dans l'avenir.

Malgré les conditions défavorables de leur exécution, ces travaux de recherches ont fourni néanmoins, des pierres lithographiques fort remarquables par leurs qualités et leurs dimensions.

Il est donc permis d'espérer que l'exploitation régulière et industrielle des gisements reconnus donnera des résultats bien plus avantageux encore que ceux qui ont été acquis jusqu'à ce jour, puisque les travaux projetés, au lieu d'utiliser la partie stérile des affleurements, s'exécuteront désormais souterrainement dans la partie saine des couches qui n'a pas été soumise à l'influence désorganisatrice des agents extérieurs.

Bien que provenant des affleurements, tous les échantillons obtenus déjà réunissent toutes les qualités requises pour la bonne exécution du travail lithographique.

Composition chimique des pierres lithographiques. — Ces pierres ont une nature calcaire ; leur analyse chimique révèle non-seulement la présence du carbonate de chaux en grande quantité, mais de plus elle constate que les éléments constitutifs de l'argile, c'est-à-dire la silice et l'alumine sont toujours associés aux molécules calcaires dans des proportions variables.

Cette pénétration argileuse exerce au sein de la masse calcaire une influence sensible sur la finesse du grain et la dureté de la pâte. A un certain degré d'intensité, c'est cette pénétration argileuse qui communique aux pierres les propriétés particulières qui les font rechercher.

L'homogénéité des pierres lithographiques des environs d'Oneglia est parfaite.

Homogénéité.

La compacité de leur structure est remarquable.

Compacité.

Leur grain fin et serré les rend susceptibles de prendre facilement un beau poli et d'obtenir sur les faces travaillées une *onctuosité* ou une douceur au toucher qui ne laisse rien à désirer.

Onctuosité des faces polies.

Leur couleur uniforme est généralement d'un gris bleuâtre pâle ou d'une teinte noisette, qui sont les nuances les plus recherchées.

Couleur.

Leur densité s'approche de 2.80, dépassant un peu le poids spécifique du carbonate de chaux chimiquement *pur.*

Densité.

Leur cassure est franchement *conchoïdale* et elles résonnent avec sonorité sous le choc modéré du marteau.

Cassure.

L'absorption immédiate de l'eau par une pierre est une preuve irrécusable de son peu de dureté. Or, si l'on passe une éponge mouillée sur les échantillons provenant des carrières des environs d'Oneglia, on reconnaîtra, au contraire, que l'absorption de l'eau n'est pas immédiate et que l'humidité se conserve à la surface des pierres pendant quelques instants : elles possèdent donc une dureté ou une résistance à la

Dureté.

rayure bien satisfaisante, qui se reconnaît du reste encore à la netteté du trait que laisse sur ces pierres une pointe fine d'acier ou une tête de diamant.

Absence de points blancs dits vermicelles.

On ne rencontre jamais dans la masse des échantillons de n'importe quels formats ces points blancs et tendres, vulgairement appelés *vermicelles*, si fréquents dans certaines pierres d'Allemagne et qui exigent partout où leur présence se révèle un grainage long et coûteux.

Absence de toute stratification.

Examinées sur leur tranche, ces pierres ne laissent apercevoir aucun indice de stratification ou de séparation par lits ou feuillets : elles sont donc dans des conditions excellentes pour fournir un grand nombre d'épreuves différentes, c'est-à-dire pour être d'un usage indéfini.

Rareté des veines et taches ferrugineuses, etc.

Les veines colorées et les taches ferrugineuses que l'on découvre surtout dans les belles pierres de Châteauroux et dans celles plus ordinaires du département de l'Ain, sont excessivement rares dans les pierres lithographiques de la Ligurie, et si quelquefois la surface de ces pierres présente quelques tigrures, herborisations ou vergétures, ces imperfections insignifiantes n'altèrent pas leur homogénéité et ne modifient ni leur texture ni leur dureté.

Dimensions linéaires des veinules spathiques.

Dans les échantillons de second choix appelés rebuts provenant des affleurements, on reconnaît pourtant la présence de quelques petites veinules spathiques linéaires, surtout dans les grands formats.

L'expérience a démontré que lorsque ces petites veinules n'atteignent que des dimensions presque linéaires, elles ne présentent aucun inconvénient à la gravure et n'opposent *a fortiori* aucun obstacle à l'exécution parfaite des travaux en écriture, en dessin ou en reports sur pierres.

Il existe du reste fort peu de pierres provenant même des meilleures carrières de Munich qui ne présentent pas cette dernière particularité, souvent compliquées de beaucoup d'autres défauts, dès que leurs dimensions dépassent celles des formats employés pour les travaux courants.

Nous ferons remarquer toutefois que toutes ces imperfctions ne se présenteront plus dès que l'on utilisera la partie des couches qui est enfoncée dans le sein des montagnes.

Facilité d'obtenir des pierres exemptes de défauts.

Les bancs de calcaire compacte étant très-épais aux environs d'Oneglia, il sera possible de conduire sans difficultés l'exploitation, de manière à ce que l'abatage ait toujours lieu dans la partie saine et avantageuse des couches.

En s'éloignant des affleurements; en prenant la précaution de ne laisser sortir des carrières que les blocs entièrement vierges de veines, veinules ou fissures; et en rejetant impitoyablement, à l'usine où s'opérera le sciage, toutes les tranches défectueuses, on arrivera certainement à ne livrer au commerce que des pierres de qualités irréprochables.

Dimensions des formats que l'on peut obtenir dans les carrières des environs d'Oneglia.

Quant à la dimension des formats que l'on pourra obtenir, nous n'éprouvons aucune hésitation pour déclarer que la puissance des couches et leur régularité sont presque partout suffisantes pour permettre à volonté la transformation des bancs qui les composent en pierres lithographiques de petits, moyens et grands échantillons.

Certificats des principaux imprimeurs-lithographes de France.

Notre rôle doit se borner ici à faire ressortir les caractères physiques et les propriétés générales des calcaires dont l'étude nous a été confiée.

Nous reconnaissons qu'il faut des connaissances pratiques toutes spéciales dans l'art de la lithographie pour être compétent sur l'appréciation de certaines propriétés particulières des pierres qui échappent à l'examen extérieur et ne se révèlent que dans l'atelier, telles que : leur disposition plus ou moins propice à l'encrage ; la détermination du nombre maximum d'épreuves qu'elles peuvent donner sans qu'il se produise d'empâtement au tirage ; la convenance plus ou moins grande des divers échantillons à l'écriture, à la gravure, au dessin, aux reports, etc., etc.

Les travaux de la lithographie embrassent aujourd'hui un champ si vaste, produisent des résultats si surprenants et si variés, et s'exécutent enfin dans des conditions si complexes que nous n'entreprendrons pas de décrire la manière dont se sont comportées les pierres lithographiques, des carrières des environs d'Oneglia dans toutes les opérations auxquelles elles ont été soumises.

Nous nous contenterons seulement d'annexer au présent mémoire la copie des certificats plus ou moins élogieux délivrés par les divers imprimeurs-lithographes et graveurs de Paris et de la province, à qui des échantillons ont été confiés dans le but exclusif de connaître leur impartiale appréciation.

C'est avec une satisfaction réelle que nous mentionnons ici, en particulier, le certificat de la Chambre syndicale des imprimeurs-lithographes de Paris, signé du président de la Société, M. Lemercier, et de son secrétaire, M. Reibel-Feindel, dont les noms connus du monde entier sont des autorités dans l'art de la lithographie.

Du reste, les calcaires compactes de la Ligurie n'ont plus une réputation à faire ; ils sont fort connus et appréciés aujourd'hui dans l'industrie lithographique, qui les utilise avec un plein succès et les recherche même de préférence à ceux que produisent les carrières actuelles de la Bavière, tant à cause de leurs bonnes et précieuses qualités que pour leur prix relativement modéré.

Il existe, en effet, non loin des bouches du torrent de l'Impero, à l'est de la pointe du cap de Berta et à une distance de quelques kilomètres d'Oneglia, des carrières de pierres lithographiques qui, quoique encor à leurs débuts, tendent à prendre de jour en jour une importance de plus en plus grande.

Ces carrières utilisent et exploitent des gisements de calcaire compacte, groupés dans une autre vallée, qui ne sont en réalité que la continuation ou le prolongement de ceux des environs d'Oneglia que nous avons décrits dans un chapitre précédent.

Supériorité des pierres lithographiques de la vallée de l'Impero sur toutes celles de la Ligurie.

Les gisements de la vallée de l'Impero présentent dans leur ensemble une constitution géologique et une allure topographique que l'on ne rencontre aucune autre part aussi régulières dans toute la Ligurie.

A l'ouest de la pointe du cap de Berta, près d'Oneglia, les contorsions du sol sont moins accentuées qu'à l'est de ce promontoire ou que du côté de San-Stefano-del-Marc et de San-Remo.

Dans ces diverses localités, les couches sont souvent relevées par des failles importantes interrompant brusquement leur continuité ; de plus, du côté de Diano, les concrétions spathiques qui recouvrent et enveloppent les calcaires compactes sont tellement abondantes que les blocs provenant des carrières de cette localité sont fortement injectés de veines de carbonate de chaux lamellaire, dont les ramifications engendrent des veinules qui sont un obstacle quelquefois sérieux à la production des échantillons de grands formats.

Malgré ces inconvénients, l'usine voisine des gisements qui nous occupent est parvenue, après de longs tâtonnements et une école coûteuse, à livrer au commerce, pendant ces dernières années, des pierres dont les qualités ont été généralement reconnues et appréciées à leur juste mérite.

Ces derniers résultats satisfaisants sont de nature à faire ressortir d'une manière évidente le brillant succès qu'un avenir prochain réserve à l'exploitation des riches gisements de calcaire compacte des environs d'Oneglia.

Nous répétons avec satisfaction que les couches qui émergent sur les flancs de la vallée de l'Impero, près d'Oneglia, sont en effet plus puissantes et plus régulières, sans contredit, que toutes celles dont la découverte a été faite jusqu'à ce jour sur tout le littoral de la Ligurie dans la partie appelée *la Rivière de Gênes* et au *ponente* de cette ville.

Les pierres remarquables des environs d'Oneglia ont été introduites dans le commerce et ont obtenu la faveur des ateliers de lithographie bien avant l'ouverture des carrières voisines.

Historique de l'ouverture des carrières de la Ligurie maritime.

Une société française puissante commença, en effet, il y a déjà quelques années, l'exploitation d'une couche de calcaire compacte lithographique affleurant dans la vallée de l'Impero, non loin d'Oneglia, et que l'on croyait alors unique dans la contrée.

Une usine de sciage fut installée à grands frais sur le bord de la mer.

Les premiers succès de cette tentative industrielle éveillèrent l'attention des habitants du pays et l'on ne tarda pas à découvrir que cette couche exploitée au lieudit : *Fontana Rossa*, que l'on croyait isolée, était intercalée dans une formation contenaut plusieurs assises régulières d'un calcaire compacte, homogène, à grain fin et serré, qui ne sont autres que les riches gisements que nous avons été chargé d'étudier et de décrire.

Les recherches et les investigations s'étendirent quelques années après du côté de Diano-Marina, où de nouvelles couches furent découvertes et, en 1874, lorsque M. Fuchs, professeur éminent à l'École des mines de Paris, vint explorer les montagnes de cette contrée ; il put constater déjà les résultats merveilleux obtenus par l'exploitation de la couche des environs d'Oneglia.

Dans le Mémoire publié par cet ingénieur de l'État, on lit, en effet, le passage suivant :

« Ces expériences n'ont pas encore été faites, il est » vrai, pour les calcaires de Diano-Marina ; mais elles » l'ont été avec un plein succès pour les pierres » provenant des environs d'Oneglia qui appartiennent » aux mêmes bancs et qui ne sont en quelque sorte » que le prolongement des gisements de Diano- » Marina.

» Les ateliers de l'Imprimerie nationale et ceux des » principaux lithographes de Paris ont essayé les » calcaires de cette provenance et les résultats de » cette épreuve leur ont été on ne peut plus favo- » rables. De nombreuses attestations constatent que » ces pierres peuvent rivaliser avec celles des environs » de Munich, qui, jusqu'à présent paraissaient posséder

» le monopole exclusif de l'alimentation des ateliers
» lithographiques.

» Nous ne doutons pas que les pierres de Diano-
» Marina ne présentent les mêmes avantages et que
» le verdict qui sera prononcé sur elles, après les
» prochains essais auxquels elles vont être soumises,
» ne sera que la répétition de celui qui a récemment
» placé leurs homologues d'Oneglia au niveau des
» meilleurs produits des carrières, — jusque-là
» réputées sans rivales, — de Solenhofen.

La constatation du plein succès des pierres litho-
graphiques provenant des environs d'Oneglia est
contenue très-explicitement dans les lignes qui
précèdent.

En rapprochant cette constatation des nombreuses
attestations que l'on trouvera à la suite de ce mémoire
et qui s'appliquent spécialement aux produits des
nouvelles carrières découvertes aux environs d'Oneglia, il reste acquis d'une manière péremptoire que
les pierres de cette provenance possèdent véritablement des qualités exceptionnelles. Ces qualités, uni-
versellement reconnues, les rendent éminemment propres aux travaux les plus délicats de la lithographie, et
des arts modernes qui se rattachent à la belle invention de Senefelder.

CHAPITRE IX

CONSIDÉRATIONS
SUR L'IMPORTANCE ET L'AVENIR
DE L'EXPLOITATION DES CARRIÈRES

Méthode d'exploitation à adopter. — Limites de l'importance et de l'avenir de l'entreprise. — Arts utilisant le calcaire compacte. — Importation et besoins de l'industrie. — Conclusion.

Nous avons fait ressortir, dans le chapitre consacré à l'étude générale sur les gisements de calcaires lithographiques des environs d'Oneglia, l'immense étendue des couches exploitables.

Nous avons vu que cette richesse minérale s'étale sur plusieurs centaines d'hectares et présente un volume que l'on peut évaluer, dans la vallée de l'Impero, à plusieurs centaines de mille mètres cubes.

Dans le chapitre précédent, nous venons de signaler les précieuses qualités des calcaires compactes provenant des carrières de cette partie de la Ligurie, et, comme preuve irrécusable des propriétés exceptionnelles que possèdent les pierres extraites des dites carrières nous avons reproduit et annexé à la suite de ce mémoire les nombreuses attestations des principaux imprimeurs-lithographes de la capitale et de la province qui ont consenti, après de nombreux essais, à nous délivrer avec toute l'impartialité et la droiture qui s'attachent à leur nom, le verdict le plus favorable qu'il soit possible d'obtenir sur la valeur des échantillons soumis à leur appréciation.

Il nous reste maintenant, pour terminer cette étude sur les gisements de pierres lithographiques de la vallée de l'Impero, à faire connaître l'importance que l'on doit attacher à l'exploitation des carrières et l'avenir réservé à cette entreprise industrielle.

Méthode d'exploitation à adopter. Motifs pour rejeter l'exploitation à ciel ouvert.

En lisant les pages précédentes on remarquera que nous avons insisté longuement sur le mode d'exploitation qu'il conviendra d'employer pour arriver à utiliser avantageusement les riches gisements reconnus.

L'extraction par le travail à ciel ouvert nous a paru devoir être repoussée en principe pour les trois raisons principales suivantes :

1° D'abord, parce que l'altitude des affleurements et la constitution topogragraphique des montagnes démontrent clairement que ce mode d'exploitation entraînerait à la construction de routes sinueuses et à l'élargissement de chemins qui, même convenablement tracés, constitueraient un moyen de transport onéreux et difficile.

2° Puis, parce que le travail à ciel ouvert ne peut s'exécuter que sur la partie des couches qui affleurant sur la crête des montagnes a subi toutes les

influences désorganisatrices des agents atmosphériques.

3° Et enfin, parce que le pendage de la plupart des couches est tel que le cube des déblais à enlever pour découvrir chaque assise utilisable va constamment en croissant d'une manière si rapide qu'à quelques mètres seulement des affleurements, les frais du découvert des carrières sont en disproportion marquée avec le rendement de la couche, dont le volume reste toujours constant.

Par le travail souterrain, au contraire, on évitera tous les inconvénients que nous venons de signaler ; on se placera dans des conditions régulières et économiques au point de vue de l'extraction ; et on obtiendra surtout une commodité fort satisfaisante en ce qui concerne les transports, puisque les divers travers-bancs dont nous avons proposé l'exécution aboutiront tous sur les grandes routes carrossables de la contrée. *Avantages du travail souterrain.*

Le travail souterrain présentera, en outre, l'immense avantage d'utiliser la partie saine des couches dont le rendement en pierres de grands formats sera évidemment bien supérieur à celui que l'on pourrait obtenir par l'exploitation des affleurements.

Le mode d'exploitation par galeries souterraines, étant, pour la plupart des couches, le seul rationnel, sera donc adopté. *Limites de l'importance de l'exploitation.*

Or, nous avons vu que les couches s'étendent sur

plusieurs centaines d'hectares en suivant une direction sensiblement parallèle à la ligne de thalweg de la vallée de l'Impero : l'importance de l'exploitation proprement dite des carrières, dépendra donc seulement de la quantité de chantiers qui seront ouverts et l'on conçoit, par suite, qu'en développant convenablement les travaux préparatoires ou la période de traçage, on pourra toujours compter sur une extraction de blocs en rapport avec les besoins de l'alimentation de l'usine de sciage, quelle que soit du reste l'importance de cette dernière.

Limites de l'avenir de l'entreprise. L'avenir de l'entreprise industrielle, en général, dépendra donc des moyens de sciage que possédera l'usine. Comme ces moyens pourront être successivement augmentés par l'addition de châssis nouveaux et d'appareils spéciaux, il en résulte que la seule limite que l'on puisse assigner au développement et à la prospérité de l'exploitation des riches gisements de calcaires compactes qui nous occupent, est la limite excessivement reculée de la consommation dont les besoins vont sans cesse en croissant et dépassent déjà de beaucoup la production totale de tous les centres d'exploitation créés.

Arts utilisant la pierre lithographique. Les branches différentes de la belle invention artistique de Senefelder qui réclament toutes l'usage et l'emploi des pierres compactes, dites lithographiques, sont les suivantes :

1° L'*Autographie* ;

2° La *Gravure en creux;*

3° La *Gravure en relief*, ou la Lithographie proprement dite;

4° Le *Dessin au crayon* ;

5° Le *Dessin* et *l'écriture à la plume* ;

6° Le *Lavis* et l'*Aqua-tinta* lithographiques ;

7° La *Typolithographie*;

8° La *Lithotypographie* ;

9° La *Paniconographie* ;

10° La *Photolithographie* ou la *Lithophotographie* ;

11° La *Lithochromie* ;

12° La *Chromolithographie* ;

Enfin, les procédés divers de *reports*, d'*agrandissement* ou de *réduction* sur pierres, etc., etc.

On trouvera la définition et la description de ces arts nouveaux à la suite de notre notice historique sur la découverte et les progrès de la lithographie.

En compulsant quelques livres spéciaux, nous avons pu nous rendre compte qu'en 1816, la quantité de pierres entrées en France seulement n'était que de :

2,551 kilog. ;

qu'en 1820, cette quantité atteignait :

7,534 kilog. ;

qu'en 1824, ce chiffre était déjà de :

6,4534 kilog. ;

et qu'en 1828, la quantité de pierres importées en France seulement dépassait

250,000 kilog.,

et enfin que, de nos jours, cette importation, malgré

Importation des pierres en France depuis 1816.

l'ouverture des carrières françaises de Châteauroux,
du Vigan, de l'Ain, etc., etc., dépassait
1,000,000 kilog.

Il est difficile de préciser, par des chiffres, la quantité de pierres lithographiques que réclament annuellement les besoins des industries spéciales qui les utilisent tant en France qu'à l'étranger ; mais, si les statistiques officielles sont muettes à ce sujet, il suffit de constater les progrès des divers procédés lithographiques et de questionner les grands industriels spécialistes pour s'assurer du développement toujours croissant de l'utilisation des pierres dans l'art aujourd'hui complexe de la lithographie.

Les divers essais infructueux, à la vérité, qui ont été tentés depuis Senefelder jusqu'à ce jour, dans le but de remplacer par une autre substance le calcaire compacte naturel dont on se sert dans les ateliers d'impression, prouvent surabondamment que l'industrie lithographique est dans une grande pénurie de pierres et que le commerce ne peut livrer ni les qualités ni les quantités réclamées par les besoins toujours croissants de cette industrie.

Pour parer, dans une certaine mesure, à cette pénurie incontestable, on a tenté tour à tour des procédés nouveaux que l'on a décorés de noms pompeux.

Parmi ces procédés nous citerons :

L'*hélioplastie* découverte en 1855 par M. Poitevin et qui consiste à galvaniser une couche de gélatine impressionnée par la lumière après une préparation au bichromate de potasse ;

La *zincographie* et la *métallographie* en général, c'est-à-dire l'art d'imprimer sur pierres ou sur métaux ;

La *papyrographie*, c'est-à-dire l'art de substituer le carton-pierre au calcaire naturel ;

La gravure sur verre ;

La fabrication des pierres artificielles, etc., etc.

Tous ces procédés, ou toutes ces inventions plus ou moins ingénieuses sont tombés dans l'oubli après une lutte pareille à celle du pot de terre contre le pot de fer, et leur impuissance n'a servi qu'à rendre plus éclatante la supériorité de l'impression sur pierres lithographiques.

La preuve irrécusable des besoins pressants de l'industrie se trouve explicitement renfermée dans les lignes suivantes, que nous extrayons du compte rendu de la séance générale du 25 juin 1875 de la Société d'Encouragement pour l'Industrie nationale.

La consommation des pierres lithographiques augmente rapidement, les carrières allemandes s'épuisent, les prix ont considérablement haussé et souvent même on ne peut trouver, à quelque prix que ce soit, la pierre dont on aurait besoin. Il y a donc une véritable pénurie de bonnes pierres et l'industrie est en souffrance.

La Société d'Encouragement se préoccupe de cet état de choses et elle désirerait que des recherches bien dirigées amenassent à la découverte et à l'exploitation de carrières fournissant des pierres de bonne qualité. Elle espère que les études géologiques et minéralogiques qui, depuis vingt ans, ont fait mieux connaître la disposition des roches de la France, pourraient être mises utilement à profit dans ces tentatives.

A la suite de l'exposé de ces motifs, la Société d'Encouragement a mis au concours un prix de 2,000 fr. en spécifiant qu'il serait décerné, s'il y avait lieu en 1877; or, au 1er juillet 1878, ce prix n'était pas encore mérité.

Conclusion.

Ces dernières considérations sont de nature à encourager des hommes d'initiative et de progrès à entreprendre l'exploitation des belles et puissantes carrières des environs d'Oneglia.

Il existe, du reste, fort peu d'exploitations de masses minérales qui présentent des avantages aussi grands que ceux qui résulteront de la transformation en pierres lithographiques des calcaires compactes de la Ligurie; pour être convaincu de cette vérité, il suffira d'examiner l'écart considérable qui existe entre le prix de vente et le prix de revient du mètre cube de pierres lithographiques.

CHAPITRE X

CONCLUSION

En résumé, les riches gisements de calcaire compacte, de la Ligurie aux environs d'Oneglia et de Port-Maurice, méritent de fixer l'attention du monde industriel :

1° *Par les qualités remarquables des produits.*

Ces qualités ont été, en effet, constatées par les sommités de l'industrie lithographique.

On pourra lire, à la fin de ce travail, les attestations nombreuses, les certificats élogieux et les appréciations flatteuses des maisons suivantes :

Lemercier, président de la Chambre syndicale des imprimeurs lithographes de Paris;

Reibel-Fendel, secrétaire de la Chambre syndicale des imprimeurs-lithographes de Paris ;

L. Gasté, vice-président de la Chambre syndicale des imprimeurs-lithographes de Paris.

A. Chaix et Cie (l'Imprimerie centrale des chemins de fer) ;

Formstecher et fils ;

Schlatter ;

J. Juteau et fils ;

E. Le Baron ;

Petit ;

Charles Lihard ;

Albert Waton ;

Déchert ;

Villemejane ;

Delahaye ;

Ad. Perrier ;

F. Canquoin ;

Raibaud ;

Pascal ;

Guibert ;

A. Leroy ;

A. Dupont :

Sédille ;

2° *Par l'abondance de la matière première.*

Les carrières étant, pour ainsi dire, inépuisables, la seule limite que l'on peut assigner à leur exploitation est la limite très-reculée des besoins toujours croissants de la consommation.

3° *Par la facilité d'exploitation résultant de l'allure et de la position topographiques des couches.*

Nous avons montré, en effet, qu'au Monte Bandelin, on peut entrer directement dans une couche affleurant sur le bord de la grande et belle route de la Corniche, et que, dans le vallon de l'Impero à Sant'Agata et à la Costa d'Oneglia, on atteindra facilement les assises calcaires par des travers bancs peu coûteux.

La première de ces galeries débouchera sur la route tracée sur la rive droite du torrent de l'Impero, tandis que la seconde aura sa sortie sur la grande route nationale qui conduit au Piémont.

4° *Par la facilité des moyens de transport.*

En effet :

Le chemin fer de Marseille à Gènes contourne les montagnes qui renferment les gisements.

Deux stations importantes avec gares de grande et de petite vitesse desservent Oneglia et Port-Maurice.

La splendide route de la Corniche traverse ces deux dernières villes.

Sur la rive droite de l'Impero il existe une route bien entretenue, qui relie près de Castelvecchio le territoire de Sant' Agata à la route de la Corniche.

Sur la rive gauche du torrent, la belle et grande route royale du Piémont serpente au pied de la montagne au sommet de laquelle s'élève le bourg de la Costa d'Oneglia.

Enfin, la proximité de la mer Méditerranée facilitera singulièrement l'exportation des produits.

L'embarquement pourra s'effectuer à volonté dans le port d'Oneglia ou dans celui de Port-Maurice, ouverts tous les deux à la marine marchande, et dans les eaux desquels on voit souvent flotter le pavillon de diverses Nations.

AUGUSTIN WATON
Ingénieur civil des mines.

Paris, le 1er juillet 1878.

[illegible]

[illegible] facty of [illegible]

[illegible]

[illegible]

[illegible]

[illegible]

[illegible]

[illegible]

[illegible]

[illegible]

[illegible]

[illegible]

[illegible]

[illegible]

[illegible]

[illegible]

[illegible]

[illegible]

[illegible]

CERTIFICATS

***

*Certificat de la Chambre syndicale des Imprimeurs-Litho-
graphes de Paris, délivré sur une pierre des carrières
des environs d'Oneglia.*

Je certifie que M... m'a présenté, comme provenant
de sa carrière d'Oneglia (Ligurie), une pierre de format grand in-4° d'une belle couleur noisette sans
défaut et du grain le plus fin.

Cette pierre, que j'ai essayée avec soin, m'a paru
être de première qualité et je la crois égale aux meilleurs produits de Munich.

Paris, le 15 Septembre 1876.

Pour la Chambre des Imprimeurs-Lithographes
de Paris.

Le Président, LEMERCIER.

Le Secrétaire, REIBEL-FEINDEL.

***

Médailles reportées, encadrement et écritures à la plume.

Je constate que cette pierre sur laquelle ce travail
a été exécuté est d'une aussi bonne qualité que celles
de Munich.

Paris, le 27 mai 1876.

(Signé) : L. REIBEL-FEINDEL.

Je certifie que les deux pierres que M. *** nous a confiées pour essais, sont d'aussi bonne qualité que les meilleures pierres de Munich ; il est impossible de les distinguer lorsqu'elles sont mélangées ensemble.

Paris, le 6 mars 1878.

Signé : F. SCHLATTER,
Imprimeur lithographe,
26, rue des Petits-Carreaux.

Nous certifions par la présente que la pierre que M. *** nous a confiée, et que nous avons employée à plusieurs reprises avec l'intention de bien reconnaître sa qualité, ne laisse rien à désirer et qu'elle vaut les pierres de premier choix des meilleures carrières de la Bavière.

Paris, le 25 mars 1878.

Signé : FORMSTECHER et Fils,
122, Faubourg-St-Martin.

Je certifie que la pierre n° 10,514, que M. *** m'a donné à essayer, remplit le même but que la pierre de Munich.

Paris, le 5 mars 1878.

Signé : Charles LIHARD,
Imprimerie, lithographie et autographie du Palais,
30, rue de la Huchette.

Je soussigné certifie que les deux pierres que M. *** m'a laissées en dépôt sont de bonne qualité comme grain et comme couleur, et qu'elles réunissent les qualités des pierres de Munich dans la finesse de la pâte.

Paris, le 8 mars 1878.

Signé : E. Le Baron,
Imprimeur lithographe,
2, quai d'Orléans.

Nous soussignés, Jules Juteau et Fils, certifions que les pierres de M. *** ont été essayées chez nous et qu'elles possèdent les qualités égales à celles de Munich.

Paris, le 25 avril 1876.

Signé : Jules Juteau et Fils,
Imprimeurs lithographes,
Passage du Caire.

St-Étienne, le 1er juin 1878.

Monsieur,

Les pierres lithographiques de vos carrières des environs d'Oneglia ont été essayées et utilisées dans mes ateliers pour l'exécution de travaux lithographiques de genres bien différents, depuis le mois de mars der-

nier, époque où elles me sont parvenues, jusqu'à aujour-
d'hui.

J'ai la satisfaction de pouvoir vous déclarer que vos
pierres ne laissent rien à désirer, qu'elles réunissent
toutes les qualités précieuses des anciennes pierres
d'Allemagne que je possède, et qu'il est impossible
de les distinguer de ces dernières, tant à cause de la
finesse de leur grain que de leur dureté et de la couleur du calcaire.

Les attestations élogieuses que vous avez reçues de
la Chambre syndicale et des principaux Imprimeurs-
Lithographes de Paris ne me surprennent point.

Avec de pareils produits, vous ne pouvez recevoir
que des encouragements nombreux et des commandes
importantes.

Recevez, etc.

Albert WATON,

Imprimeur lithographe à St-Étienne (Loire).

Nîmes, 23 avril 1878.

Monsieur,

Au reçu de votre lettre en date du 18 de ce mois,
j'ai mis la pierre in-4° marque R.O. L. 33, 27, reçue
le 25 mars dernier, sur une pierre de Munich premier
choix, du format raisin 18/24, facture de M. Simon
de Strasbourg, en date du 5-6 novembre 1860. Nous
constatons, mon neveu Villeméjanne et moi, qu'on ne

peut faire aucune différence des deux pierres (la vôtre et celle de Munich), en qualité, finesse, grain et nuance.

(*Signé*) : CH. DECHERT, E. VILLEMÉJANE,
Imprimeurs-Lithographes,
Boulevard Saint-Antoine et rue Maubet, 7, à Nîmes.

Monsieur,

Je puis certifier que, par les essais que j'en ai faits, votre pierre remplissait toutes les conditions désirables, tant pour le travail à la plume et en gravures que pour les dessins au crayon.

Recevez, Monsieur, mes salutations très-empressées.

Pour M. Charpentier, imprimeur-éditeur,
à Nantes (Loire-Inférieure).

(*Signé*) : DELAHAYE, chef d'atelier.

Je soussigné, A. Dupont, imprimeur-lithographe et typographe à Oran, certifie avoir reçu de M...... une pierre calcaire provenant de sa carrière, laquelle possède toutes les qualités lithographiques.

Je certifie en outre que le spécimen ci-contre a été tiré à l'aide de cette pierre, ainsi que la feuille de cartes de visite ci-jointe.

(*Signé*) : A. DUPONT,
Imprimeur-lithographe
à Oran (Afrique).

Je soussigné, imprimeur-typographe et lithographe, déclare avoir essayé dans mes ateliers la pierre lithographique provenant de la carrière explorée par M.....

De mes essais il en est résulté ceci : cette pierre est très-dure pour la gravure et convient parfaitement pour la lithographie à la plume. Elle a un grand avantage sur toutes les pierres qui servent à l'écriture ; les traits restent purs, s'empâtent difficilement, malgré la longueur du tirage.

(*Signé*) : AD. PERRIER,

Imprimerie et lithographie,

Bureau de *l'Echo d'Oran*, boulevard Oudinot, 9.

Je soussigné déclare avoir imprimé le dessin ci-joint sur la pierre lithographique découverte par M..., dont la pâte rivalise avec les pierres d'Allemagne.

(*Signé*) : F. CANQUOIN,

Imprimeur-lithographe,

à Marseille, rue Napoléon, 18.

Je soussigné, imprimeur-lithographe, à Marseille, certifie que le travail ci-dessus a été exécuté à la plume sur une pierre lithographique qui m'a été présentée, comme sortant des carrières d'Italie, découvertes par M..., à Oneglia.

(*Signé*) : F. RAIBAUD, à Marseille.

Je viens d'essayer la pierre que vous avez eu la bonté de nous envoyer ; je me suis parfaitement rendu compte de la qualité (moi particulièrement) ; elle est de beaucoup supérieure à l'autre pierre que nous avons, le grain en est plus fin et plus doux pour la gravure ; j'ai beaucoup travaillé la pierre de Munich et je puis vous certifier que je ne trouve point de différence : au contraire le grain de la vôtre est régulier ; elle est excellente pour la gravure ; si les pierres sont toutes comme celle-là, vous ne pouvez pas faire autrement que d'en avoir la vente.

(*Signé*) : F. PASCAL,
Graveur-lithographe,
De la maison Pascal, à Aix (Provence.)

Dichiaro il sottoscritto di avere sperimentato la pietra litograficho della cava di M..., il quale la trovai buonissima e puo star a confronto a quella di Monaco (Baviera).

Servibile per incizione dissegni a lapis e a penna e riproduzione.

Rilascio il presente certificato al signor M..., per sevirse ne a duovo.

In fede del vero, Genova li 23 genajo 1876.

(*Signé*) : STEFANO MASSOERO,
Stamperia di Stefano Massoero,
Via San Bernardo, 21, Genova.

Moi soussigné, imprimeur-lithographe à Toulon, déclare avoir reçu de M..., minéralogiste à Oneglia, diverses pierres lithographiques que je trouve parfaites pour tous les travaux lithographiques soit à la plume, au crayon comme à la gravure.

Toulon, 19 mars 1876.

(*Signé*) : Guibert,
Imprimeur-lithographe de la marine.

Moi soussigné, imprimeur-lithographe à Rennes (Ille-et-Vilaine), déclare avec plaisir que toutes les pierres reçues de la carrière de M.... remplissent les exigeances voulues pour obtenir des travaux lithographiques parfaits. Elles possèdent des qualités extrêmement supérieures à celles de France et rivalisent avantageusement avec celles de Munich.

J'ose dire que je préfère travailler celles de M..., sous tous les rapports.

Je délivre la présente attestation pour que M... puisse s'en servir et valoir au besoin.

(*Signé*) : A. Leroy,
Imprimeur-lithographe du Gouvernement.
Procédés, par machines à vapeur, etc., etc.

Monsieur,

Votre pierre est un succès; si votre carrière renferme de semblables pierres, vous pouvez vous flatter d'avoir la plus belle affaire du monde.

Exploitez vivement, pour que nous puissions bientôt nous passer de la Bavière et soyez assuré de tout notre concours pour vous aider dans une semblable entreprise ; car vous le méritez sur tous les points.

Recevez, etc., etc.

(Signé) : PETIT,

Directeur et graveur de la maison Collet et Leconte.
Paris.

Pierre lithographique jaune, in-4° de M..., très-bonne qualité.

Paris, 20 avril 1876.

(Signé) : L. GASTÉ,

Imprimeur-lithographe,
rue du Faubourg-Saint-Denis, 162.
Vice-président de la Chambre des Imprimeurs-lithographes.

Je certifie que les pierres venant de votre carrière d'Oneglia que vous m'avez envoyées et sur lesquelles j'ai fait des reports, des dessins et écritures à la plume, et dont j'ai fait faire un tirage, sont d'aussi bonne qualité que celles de Munich.

Paris, la 27 mai 1876.

Signé : L. REIBEL-FEINDEL,
Secrétaire de la Chambre syndicale des imprimeurs-lithographes de Paris. 14, rue de Turenne.

Nous soussignés déclarons, sur la demande qui nous est faite par Messieurs....... que la gravure de la carte des environs de Port-Maurice et d'Oneglia a été exécutée sur la pierre qu'ils nous ont remise à titre d'échantillon.

Paris, le 5 Juin 1878.

Pour MM. A. CHAIX et Cie.
Le chef de la Lithographie,
Signé : J. SÉDILLE.

Spécimen exécuté sur Pierre
de la Nouvelle Carrière d'Oneglia, (Italie)

Je certifie que Monsieur Rencurel,
Minéralogiste Géologue, 5, rue Péanne, Paris-Vaugirard,
m'a présenté comme provenant de sa Carrière
d'Oneglia, (Ligurie), une pierre de format Grand
in 4°, d'une belle couleur noisette, sans défaut
et du grain le plus fin.

Cette pierre, que j'ai essayé avec soin, m'a
paru être de première qualité et je la crois
égale aux meilleurs produits de Munich.

Paris, le 15 Septembre 1876.

Pour la Chambre des Imprimeurs Lithographes de Paris

Le Président Lemercier,
Le Secrétaire Reibel Feindel.

Lith. Reibel-Feindel, 14, Rue de Turenne, Paris.

Médailles reportées
Encadrement et Ecritures à la Plume

Je constate que cette Pierre sur laquelle ce travail a été exécuté
est d'une aussi bonne qualité que celles de Munich.

Paris, le 27 Mai, 1876.   L. Reibel Feindel

SOCIÉTÉ D'ENCOURAGEMENT POUR L'INDUSTRIE NATIONALE

FONDÉE EN 1801

Déclarée Établissement d'utilité publique par ordonnance du 21 avril 1824

PROGRAMME

DES

PRIX ET MÉDAILLES MIS AU CONCOURS

POUR ÊTRE DÉCERNÉS

DANS LES ANNÉES 1876, 1877, 1878, 1879, 1880 & 1881

Séance générale du 23 juin 1875.

Jusqu'à présent, l'industrie française est tributaire de l'Allemagne pour la fourniture des bonnes pierres lithographiques. Ce n'est pas qu'on ne trouve en France des pierres propres à cet usage. On en a découvert, au contraire, à diverses époques, mais, quand on les a mises en œuvre, on les a toujours trouvées inférieures à celles de Munich. On exploite actuellement au Vigan (Gard), une carrière qui fournit des pierres de bonne qualité très-employées surtout pour les grands formats; elles sont bonnes et cependant moins dures que les pierres allemandes. Des échantillons choisis provenant d'autres localités se sont montrés quelquefois, non pas comparables, mais bien supérieurs aux pierres étrangères ; puis les pierres courantes provenant de l'exploitation de ces carrières péchaient toutes par la pureté. Comme la qualité de la pierre est d'une importance capitale, on a abandonné tous ces essais et on a continué à s'en tenir aux pierres allemandes, qui seules donnaient toute sécurité au dessinateur. Peut-être ne peut-on espérer d'obtenir une pureté et une régularité suffisantes qu'en faisant de grands découverts et en pénétrant à de grandes profoudeurs.

Cependant la consommation des pierres lithographiques augmente rapidement ; les carrières allemandes s'épuisent, les prix ont considérablement haussé, et souvent même on ne peut trouver, à quelque prix que ce soit, la pierre dont on aurait besoin. Il y a donc une véritable pénurie de bonnes pierres et l'industrie est en souffrance.

La Société d'encouragement se préoccupe de cet état de choses, et elle désirerait que des recherches bien dirigées amenassent à la découverte et à l'exploitatiou de carrières fournissant des pierres de bonne qualité. Elle espère que les études géologiques et minéralogiques, qui depuis vingt ans ont fait mieux connaître la disposition des roches de la France, pourront être mises utilement à profit dans ces tentavives.

Il serait possible de satisfaire aux besoins de l'industrie par une autre voie qui a déjà été tentée, et qui serait reprise, aujourd'hui, avec plus de chances de succès. *Senefelder* avait essayé de fabriquer des pierres artificielles, et s'il n'a pas réussi, d'autres paraissent avoir été quelquefois plus heureux. On pourrait, en effet, augurer mieux des travaux en ce sens, entrepris aujourd'hui que la composition des matières plastiques telles que l'oxychlorure de zinc, celui de magnésie, etc., a été beaucoup perfectionnée. Des plaques métalliques pourraient aussi être substituées aux pierres, qui sont lourdes et encombrantes. On a déjà essayé le zinc et d'autres substances, et la métallographie a été l'objet de quelques applications. Les obstacles divers qui se sont opposés à ce que ces procédés ne reçussent toute l'extension qu'ils pourraient avoir ne sont probablement pas insurmontables, et on peut espérer de voir un jour la lithographie délivrée, par l'un ou l'autre de ces divers moyens, de la dépendance dans laquelle elle a toujours été relativement aux carrières allemandes.

La Société d'encouragement demande donc un progrès marqué dans les moyens de fournir à la lithographie des pierres ou des planches quelconques qui lui permettent de se passer, avec avantage et avec économie, des pierres qu'elle fait venir à grands frais de l'Allemagne. La Société accueillera avec une égale faveur la découverte de carrières nouvelles, en France, dont les pierres aient toutes les qualités désirables, la fabrication de pierres factices atteignant le même but, ou bien des procédés pratiques et industriels, pour l'emploi de planches, d'une composition quelconque, donnant, sans augmentation de prix, des épreuves aussi parfaites que celles que fournissent les meilleures pierres étrangères.

Le prix sera de 2,000 francs; il sera décerné, s'il y lieu, en 1877.

LÉGENDE DES SIGNES CONVENTIONNELS

pour la carte d'État-major annexée à ce travail et gravée dans les ateliers de la maison A. Chaix et Cie*, sur une pierre lithographique provenant des carrières des environs d'Oneglia.*

Indications diverses.

B. Bois.

B.P. Bois de pins.

B.C. Bois de chênes.

C. Champs.

C$^{\imath}$. Broussailles.

C.V. Champs et vignes.

G. Jardins.

G^{o}. Gerbido.

O. Oliviers.

P^{i}. Pacages.

P. Prés.

R. Rizières.

V.O. Vignes et oliviers.

V. Vignes élevées.

Chapelle.

Pilone.

Moulin.

Limites

d'État

de Province

de Commune

Routes et Chemins.

Royales

Provinciales

Carrossables

Voies ferrées

Grands chemins en plaine ou en montagne sur lesquels peuvent passer les véhicules de campagne.

Petits chemins en plaine ou en montagne pour le service de la culture.

Sentiers.

TABLE DES MATIÈRES

DESCRIPTION SOMMAIRE DES DIVERSES BRANCHES DE L'ART
LITHOGRAPHIQUE.

CHAPITRE Ier.

OROGRAPHIE. — HYDROGRAPHIE. — TOPOGRAPHIE.

CHAPITRE II.

GÉOLOGIE ET MINÉRALOGIE.

§ 1.

Formation secondaire. — Etage néocomien.

§ 2.

Formation nummulitique.

§ 3.

Formation tertiaire.

CHAPITRE III.

§ 1.

Position géologique précise dans l'étage nummulilique.

CHAPITRE IV

ÉTUDE DES GISEMENTS EN PARTICULIER.

§ 1.

Groupe de Sant'Agata.

Premier niveau.

Deuxième niveau.

Troisième niveau.

Niveau intermédiaire.

§ 2.

Groupe de la Costa d'Oneglia.

Niveau supérieur.

Niveau intermédiaire.

Niveau inférieur.

§ 3.

Groupe du monte Bandelin.

§ 4.

Gisements à étudier.

CHAPITRE V

§ 1.

Considérations sur le travail à ciel ouvert et sur le travail en galeries souterraines.

§ 2.

Galeries à travers bancs.

§ 3.

Méthodes d'exploitation à employer.

§ 4.

Traçage.

§ 5.

Dépilage.

CHAPITRE VI

TRAVAUX A EXÉCUTER ET RESSOURCES NÉCESSAIRES.

CHAPITRE VII

DÉTERMINATION DU PRIX DE VENTE, DU PRIX DE REVIENT ET DES BÉNÉFICES.

§ 1

§ 2

Minimum du rendement aux carrières et à l'usine de sciage

§ 3

Prix de revient pour la transformation en pierres lithographiques de 100 mètres cubes de roche en place

§ 4

Évaluation des bénéfices

CHAPITRE VIII

PIERRES LITHOGRAPHIQUES.

CHAPITRE IX

CONSIDÉRATIONS SUR L'IMPORTANCE ET L'AVENIR DE L'EXPLOITATION
DES CARRIÈRES.

CHAPITRE X

IMPRIMERIE CENTRALE DES CHEMINS DE FER. — A. CHAIX ET Cie,
RUE BERGÈRE, 20, A PARIS. — 7324-8.